# 复杂设备维修间隔期优化模型

白永生　郭驰名　王广彦　著

国防工业出版社

·北京·

# 内容简介

本书针对复杂设备(装备)预防性维修决策中维修间隔期确定与优化这一关键问题,从数学建模的角度对其故障与维修过程进行了系统分析和定量决策研究。针对非周期性预防性维修工作,基于平稳独立增量过程建立了考虑检测误差、安全风险等的维修间隔期优化模型,基于非平稳独立增量过程建立了含变点退化失效、竞争失效的维修间隔期优化模型;针对多项周期性预防性维修工作,分别研究了固定组合和优化组合维修策略下复杂设备的维修过程,并建立了典型预防性维修工作组合间隔期、复合维修工作组合间隔期、故障相关时预防性维修工作组合间隔期的确定与优化模型。

本书既可供工程技术院校相关专业本科生和研究生学习使用,也可作为工程技术人员、生产管理或维修人员的参考用书。

**图书在版编目(CIP)数据**

复杂设备预防维修间隔期优化模型 / 白永生,郭驰名,王广彦著. —北京:国防工业出版社,2019.8
ISBN 978 – 7 – 118 – 11839 – 1

Ⅰ.①复… Ⅱ.①白… ②郭… ③王… Ⅲ.①机械设备 – 维修 Ⅳ.①TH17

中国版本图书馆 CIP 数据核字(2019)第 119399 号

※

*国防工业出版社*出版发行
(北京市海淀区紫竹院南路 23 号 邮政编码 100048)
三河市德鑫印刷厂印刷
新华书店经售
*
开本 710×1000 1/16 印张 10¾ 字数 189 千字
2019 年 8 月第 1 版第 1 次印刷 印数 1—1500 册 定价 49.00 元

**(本书如有印装错误,我社负责调换)**

国防书店:(010)88540777     发行邮购:(010)88540776
发行传真:(010)88540755     发行业务:(010)88540717

# 前　言

随着工业自动化程度的提高和军用装备的现代化发展,维修在复杂设备(装备)①管理中的作用和地位日益突出。作为控制故障发生的有效手段,预防性维修在保持设备持续高效运行、降低使用保障费用成本、提高设备运行效能和顾客满意度等方面不可或缺。由于工作执行的计划性和有效性,预防性维修的应用非常广泛,它依据规定的间隔期或累积工作时间、里程等,按照事先安排的计划实施维修工作,可在很大程度上预防甚至避免故障的发生,从而大大减少和降低故障所造成的损失。

在对复杂设备实施预防性维修时,维修间隔期的确定与优化是维修决策中的一项重要内容,也是目前广受关注和重点研究的热点。本书针对这一关键问题,从数学建模的角度进行了系统分析和深入研究:针对复杂设备的性能退化问题,基于独立增量过程研究了非周期性检测、阈值确定、考虑竞争失效的视情维修间隔期优化建模方法;针对复杂设备实施多项维修工作的情况,引入了相应的预防性维修工作组合策略,并研究了组合维修间隔期的确定与优化建模方法。

全书共分7章:第1章综述相关预防性维修数学模型,介绍本书的研究背景、研究内容与目的;第2章进行复杂设备维修间隔期建模需求分析,给出复杂设备维修建模的基础理论,以及维修过程定量化分析的基本方法;第3章基于平稳独立增量过程,研究完全检测下的非周期检测维修优化问题,并在此基础上进一步考虑不完全检测和安全约束对维修决策的影响;第4章针对退化过程存在突变的设备,基于非平稳独立增量过程,分别建立考虑变点的退化失效型设备和竞争失效型设备的维修优化模型;第5章引入组合维修策略,针对复杂设备通常采用的定期更换、功能检测等典型预防性维修工作,分别建立其维修周期优化模型,并通过实例验证了维修策略和模型的实用性与有效性;第6章结合维修工程实际中采取复合维修的情况,以辅以功能检测的定期更换为例,建立复杂设备复合维修周期优化模型,并进一步分析该模型的通用性和涵盖性;第7章考虑故障发生的相关性,探讨故障相关对设备故障规律和维修决策的影响,并对其进行定

---

① 本书所研究和建立的维修间隔期优化模型具有较强的通用性,既适用于军用装备也适用于民用设备,因此这里采用了"设备(装备)"的表达方式。为行文简便,后文省略括号内容。

量分析和描述,建立考虑故障相关性时复杂设备维修周期优化模型;最后,总结本书的研究内容和主要结论,指出有待进一步完善的问题,对未来的研究方向进行了展望。

维修决策是国内外长期关注且方兴未艾的热点,研究领域非常宽泛,研究内容也非常丰富。本书针对其中的维修间隔期优化问题,结合作者近年来在数学建模方面的一些研究成果,发表了自己的粗浅见解,希望能起到抛砖引玉的作用,对读者有所启发和借鉴。由于时间和水平所限,不妥之处,敬请读者批评指正。

# 目　　录

# 第1章 绪　　论

## 1.1 概　　述

在军事装备、工业设备和交通运输工具等复杂设备中，及时有效的维修在保证设备的使用寿命、安全性和可靠性等方面具有重要的地位和作用。据统计，国外企业的设备维修费用一般可达到总支出的 15%～70%。如美国近年来平均每年用于设备检修的费用超过 2000 亿美元，其中军事装备的维修费大约为 790 亿美元。维修规划和管理不当，将影响设备正常功能的发挥，甚至导致故障的发生，不仅会造成重大经济损失，还可能会引发严重的安全事故。因此，需要在设备的运行过程中适时采取适当的维修，以降低设备发生故障的概率，确保设备安全可靠运行。

相关人员一直以来都在不断地探索科学实用的维修决策理论与方法，以便指导维修实践活动。按照实施的目的与时机，维修总体上可划分为预防性维修、修复性维修、应急性维修和改进性维修等。在维修实践中，由于工作执行的计划性和有效性，预防性维修的应用非常广泛，它依据规定的间隔期或累积工作时间、里程等，按照事先安排的计划实施维修工作，可在很大程度上预防甚至避免故障的发生，从而大大减少和降低故障所造成的损失。

在实施预防性维修时，维修间隔期的确定与优化是维修决策中的一项重要内容，也是目前广受关注和重点研究的问题之一。早期，预防性维修间隔期的确定通常是基于专家经验或定性判断，决策过程缺少定量分析方法和模型支持，其科学性和准确性一度受到质疑。随着运筹学和可靠性工程等学科的发展，从 20 世纪 60 年代开始，维修建模和优化技术逐渐完善并成熟，从而可以越来越多地基于设备的退化过程、故障规律和相关维修数据等，通过建立数学模型来确定最佳的维修时机。

在现有维修决策模型的基础上，本书主要从以下两个方面开展维修间隔期优化建模研究：针对复杂设备的性能退化问题，基于独立增量过程研究非周期性检测、预防性维修阈值确定、考虑竞争失效的视情维修间隔期优化建模方法；针对复杂设备实施多项维修工作的情况，引入相应的预防性维修组合策略，并研究组合维修间隔期确定与优化的建模方法。

**1. 复杂设备视情维修间隔期的优化**

随着现代设备可靠性的提高,其发生功能故障的可能性越来越低,相应的故障数据也越来越少。与此同时,传感器技术、无损探测技术、信息处理技术以及维修管理信息设备等的发展,使得视情维修(Condition – Based Maintenance,CBM)技术逐渐推广应用。由于设备运行状态的测量值含有丰富的信息,一些技术先进的企业开始研究和应用 CBM 方法:根据设备的状态检测信息制定维修计划。该方法能够有效避免不必要的维修,仅当设备的状态显示有必要进行维修时才进行维修。实际中,大部分设备或设备在使用过程中都会出现性能退化现象,如大型电容器的性能会随着役龄和使用次数而呈现逐渐退化的规律。CBM 就是利用状态检测设备获取设备的状态信息,进而在此基础上决策维修的时机和维修的方法。因此,CBM 是解决具有性能退化的设备维修优化的重要手段,尤其适用于故障后果严重的退化型设备。然而,在实际应用中关键问题之一就是在考虑退化过程的动态性和不确定性、任务约束以及竞争失效等问题的基础上,如何科学合理地确定视情维修的间隔期。

针对上述问题,本书将系统开展基于独立增量过程的视情维修决策优化研究,包括基于平稳独立增量过程的维修优化、基于非平稳独立增量过程的维修优化和考虑竞争的维修优化等,从而丰富 CBM 方法的理论技术和提高其应用价值。

**2. 复杂设备组合维修间隔期的优化**

复杂设备的维修需求还体现在其结构与组成越来越复杂,各部件(或子设备)之间的相互作用和影响也越来越明显,这就需要进行维修决策时结合其具体特点和实际需求,从系统整体的角度充分考虑部件(或子设备)之间的相互作用对维修决策的影响,采用相关的数学理论建立维修决策模型,以确保维修决策总体效果的最优。

然而,目前优化和确定间隔期的维修决策方法多是针对采取单一类型维修工作的单部件设备;在分析多部件复杂设备时,也多是假设所维修设备各部件(或子设备)采取单一类型的维修工作,并在各部件之间的物理结构、故障发生甚至维修费用等相互独立的基础上,采用已有的单部件优化方法和模型进行决策。但是"单项工作间隔期的最优,并不能保证总体的工作效果最优",为了提高维修工作的整体效益和效率,需要对维修工作组合及周期优化等进行深入的分析,并科学准确地衡量采取的优化决策所带来的实际收益。同时,当采取单一维修工作类型无法确保维修效果时,往往需要实施两种或两种以上类型的预防性维修工作。对于采取这种复合维修工作复杂设备的经济效益和维修效果需要进行研究。另外,设备内各部件故障发生的独立性假设并非完全符合实际情况,导致目前所做出的维修决策在工程应用中是不准确的,因此还需要对故障相关部件故障规律的定量分析、故障相关设备维修周期的确定等进行研究。

针对上述问题,本书将系统分析复杂设备预防性维修工作组合需求,充分考虑部件之间相互关联作用和对设备整体的影响,从系统的角度探索适合的维修策略与方法,并建立其维修决策数学模型,确定最佳的维修间隔期,为复杂设备的维修决策提供科学、规范的解决方案。

## 1.2 复杂设备视情维修间隔期优化研究现状

随着传感器技术、无损探测技术、信息处理技术以及维修管理信息系统等的发展,CBM 技术逐渐在企业中推广应用。CBM 应用过程中包括两个重要步骤:退化数据建模和维修决策优化。退化数据建模通过表征设备退化状态的特征量建立设备的退化模型,描述设备的退化规律。维修决策优化是在退化模型的基础上建立维修优化模型对维修决策变量进行优化。下面分别对常用的退化模型和相关维修优化方法进行归纳和讨论。

### 1.2.1 退化模型研究现状

退化模型是 CBM 的基础,CBM 通过退化模型对设备退化过程进行描述和预测,进而制定维修决策。目前研究人员针对不同的退化机理已经建立了多种退化模型,这里重点介绍以下常用的退化模型:随机变量模型、Gamma 过程模型和 Wiener 过程模型,其中 Gamma 过程模型和 Wiener 过程模型均属于独立增量过程模型。

#### 1. 随机变量模型

随机变量模型利用含有随机参数的确定函数描述一组样本的退化规律,可以表示为

$$X(t) = g(t, \boldsymbol{\Theta})$$

式中:$g$ 为由经验得到的确定性函数;$t$ 为函数 $g$ 的时间变量;$\boldsymbol{\Theta}$ 为有限维随机向量,用于描述产品个体之间的差异。

对于单独个体的退化则用确定的函数 $g(t, \theta_i)$ 进行表示,其中 $\theta_i$ 为 $\boldsymbol{\Theta}$ 中的样本。当 $\boldsymbol{\Theta}$ 的分布给定后,可以通过变换的方法得到 $X(t)$ 的分布。

常见的随机变量模型有 Paris 模型、幂率模型、随机斜率/截距模型等。Meeker 和 Escobar 采用 Paris 模型对某金属的疲劳裂纹数据进行建模,得到了其金属的疲劳寿命分布。Chan 等利用幂率模型描述薄膜电阻的退化机理,得到了其可

靠性模型。Gertsbackh 和 Kordonskiy 对随机斜率和截距模型进行研究,假设斜率和截距均为正态分布且相互独立,推导出了产品寿命的 Bernstein 分布。Tseng 等采用随机斜率/截距模型研究了荧光灯管亮度的退化。Lu 和 Meeke 采用随机斜率/截距模型描述金属的疲劳裂纹的增长。冯静采用其描述运载火箭发动机性能的退化过程。Hamada 采用随机斜率模型描述激光亮度的退化过程。Yuan 和 Pandey 对随机斜率/截距模型进行了扩展,使其能够考虑检测之间的随机影响和相关性,并将模型用于核电站管道设备的腐蚀退化建模。Gebraeel 等利用随机斜率和截距模型对轴承的振动信号退化过程进行建模,并利用 Bayesian 方法对退化模型的参数进行实时更新。

随机变量模型的优点在于模型和统计分析方法都较为简单;另外,能够对退化数据直接进行统计分析。但随机变量模型有其自身的不足之处:该模型只能够考虑产品个体之间的差异性,无法考虑产品随时间退化过程本身的随机性。下面将重点对独立增量过程模型中的 Gamma 过程模型和 Wiener 过程模型进行介绍。

**2. Gamma 过程模型**

Gamma 过程模型是一种重要的独立增量过程模型。1975 年,Abdel - Hameed 首次提出将 Gamma 过程用于描述设备的性能退化过程。Gamma 过程模型适于描述设备的性能状态随时间非减的退化过程,并且能够较好地反映退化过程的不确定性。Pandey 等指出:当退化过程的不确定性较大时,基于 Gamma 过程的视情维修策略优于定期更换策略。Gamma 过程已成功用于核电站加注管道的腐蚀过程描述。Noortwijk 利用 Gamma 过程的线性无向性,即不重合时间段内的退化量具有独立可交换性,描述堤防的退化过程,取得较好效果。Lawless 和 Crowder 将协变量和随机影响因子引入到 Gamma 过程模型,从而实现对不同个体退化过程的区分,并将其应用于金属裂纹增长建模。Mercier 等通过二元 Gamma 过程描述列车轨道的退化过程,并在此基础上进行维修规划确保轨道具有较高的可靠性。通过与仅考虑单个性能参数的情况进行对比,证明了利用二元 Gamma 过程描述轨道退化更加合理。Grall 等利用 Gamma 过程描述设备的退化过程,并研究了长时间运行下的设备可靠度的渐进性质,给出了设备的渐进故障率。Newby 和 Barke 分析了含测量误差下的 Gamma 退化过程的不确定性问题。Gamma 过程的良好计算性质,在维修领域的应用中取得较好效果,Noortwijk 对 Gamma 过程在可靠性和维修领域的研究情况做了较全面的总结。

**3. Wiener 过程模型**

Wiener 过程模型是又一重要的独立增量过程模型,适于描述非单调退化设备的退化过程。由于 Wiener 过程模型能够描述多种典型产品的性能退化过程,并且具有良好的计算性质,因而是目前性能可靠性建模领域较常用的退化模型之一。

Doksom 和 Hoyland 首次将 Wiener 过程应用于工程领域,研究了 Wiener 过程退化产品的可变应力加速寿命试验模型。基于 Wiener 过程的性能退化建模方法,目前的研究主要考虑产品的退化过程为线性的情形;针对非线性退化的情形,Whitmore 和 Schenkelberg 通过对时间单位进行变换,使得变换后的 Wiener 退化模型可以描述晶体管增益的加速退化过程。针对产品的性能退化量非负的情形,Park 和 Padgett 考虑退化过程为几何布朗运动,对退化量取对数后转换为 Wiener 过程进行处理,这样可以利用 Wiener 过程研究退化增量非负的情形。考虑到产品的实际退化量难以获得,而与之相关的 marker 信息可以检测获得,Whitmore 等利用二元 Wiener 过程模型建立 marker 与潜在退化量的联合模型。marker 表示与系统退化相关的协变量,通常随时间变化。利用逆高斯分布为 Wiener 过程的首达时分布的特点,Pettit 和 Young 研究了 Wiener 退化型产品的性能退化数据与寿命数据的联合建模问题。Ren 和 Zuo 利用 Wiener 过程描述航空发动机的性能退化,并给出了发动机的剩余寿命预测方法。

Wiener 过程模型的参数估计通常在产品退化数据的基础上利用独立增量性质获得。Pettit 和 Young 给出了一元 Wiener 过程模型的 Bayes 估计方法。假设设备的检测过程存在测量误差且测量误差独立同分布,Whitmore 研究了含测量误差下的 Wiener 退化过程的参数估计。Lee 等通过数据增强技术获得了二元 Wiener 过程的 Bayes 参数估计。对于截尾退化数据情况,Lu 给出了 Wiener 过程退化量 $X(t)$ 在事件 $A$ 发生时的密度函数,即

$$f(x,A) = \left\{\frac{1}{\sqrt{2\pi\sigma^2 t}}\exp\left(-\frac{(x-\mu t)^2}{2\sigma^2 t}\right)\right\}\left(1 - \exp\left(\frac{2L(x-L)}{\sigma^2 t}\right)\right)$$

式中:$A = \{X(\tau) < L, 0 \leq \tau \leq t\}$;$L$ 为故障阈值。

目前,基于 Wiener 过程的可靠性模型已经应用到多个领域,如碳膜电阻、晶体管、钢铁结构表面保护涂层、发光二极管、金属化膜脉冲电容器。

当设备的退化过程为非减过程时,可以采用 Gamma 过程进行描述。当设备的退化过程为非单调且具有增长趋势时,可以采用 Wiener 过程进行描述。其中 Gamma 过程和 Wiener 过程同属于独立增量过程,适于描述连续退化系统的状态变化。由于独立增量过程在描述设备退化的不确定性上更具有灵活性且兼具良好的数学计算性质,因此,独立增量过程在可靠性维修领域应用较多。

## 1.2.2 视情维修优化方法研究现状

为适应现代设备的高可靠性与高安全性要求,随着传感器技术、信息技术等的发展,视情维修优化方法的研究和应用得到了不断发展和完善。目前,国内外

学者已经提出多种视情维修优化模型。从不同的角度划分,视情维修优化方法可以划分为不同的类别,如从优化目标角度划分,可以分为最小化费用视情维修优化方法、最大化可用度视情维修优化方法等。鉴于本书主要研究单一退化失效模式下和竞争失效模式下的视情维修决策,并对检测间隔和预防性维修阈值等控制限进行优化。因此,下面将从检测的角度,以离散检测下视情维修优化、连续检测下视情维修优化、退化突变下视情维修优化和竞争失效下视情维修优化几方面对视情维修优化方法进行分类和讨论。

**1. 离散检测下视情维修优化**

一些设备难以进行连续检测,如轮胎磨损、刹车制动片的磨损、化工以及核能等领域的管道腐蚀等,因此,离散检测成为视情维修的重要手段。检测间隔和预防性维修阈值是视情维修的控制限,对视情维修决策的制定具有重要影响。当设备的检测次数很少时,设备发生故障的风险将增加;当检测次数过于频繁时,会造成维修费用过高。同样,预防性维修阈值过高将增加设备运行的风险;若预防性维修阈值过低,则会造成设备过早更换,造成资源浪费。因此,有必要对离散检测策略的维修间隔和预防性维修阈值进行优化。离散检测主要包括周期检测和非周期检测,下面分别对这两种检测下的维修优化方法进行介绍。

1) 周期检测下维修优化

较为常见的 CBM 策略是周期检测维修策略,如核电厂每隔 2～3 年会对电厂设备进行一次检测,通过对获得的系统性能退化状态评估,确定退化严重的设备并及时进行维修。周期检测即每隔固定的时间间隔对系统进行一次检测,依据检测状态确定采取何种维修活动。针对服从 Gamma 退化过程的设备,Abdel - Hameed 考虑了视情维修的决策变量分别为检测间隔和预防性维修阈值的双阈值周期检测维修优化问题,该策略假设故障只有在检测时才能被发现。与 Abdel - Hameed 不同,Park 假设失效阈值是固定的,在给定检测间隔时,通过最小化期望费用获得了最优预防性维修阈值;而 Kong 和 Park 则假设周期检测过程中设备故障能即时发现,在故障率与设备的退化状态相关的条件下,得到了使期望费用率最小的预防性维修阈值。Newby 和 Dagg 进一步扩展 Abdel - Hameed 的模型,将决策变量控制限扩展为多个,目标仍然是最小化期望费用。Jia 和 Christer 提出一种定期检测策略,在时刻 $t_i = t_1 + (i-1)k$ 进行检测,其中,$i = 1, 2, \cdots, t_1$ 为首次检测间隔的长度,$k$ 是后续检测时间间隔。当预防性维修阈值给定时,Newby 和 Dagg 利用动态规划方法来确定费用率最优时的检测间隔。Van Noortwij 等利用 Gamma 过程描述堤坝的高度被海水削减的退化过程,并优化制定了最优检测间隔。针对有限时间范围复杂可修设备,Taghipour 等建立了

6

一种定期检测维修优化模型。设备发生故障后进行最小维修(Minimal Repair),通过迭代计算优化检测周期。Wang 和 Christer 给出了有限时间条件下的设备周期检测模型,并利用延迟时间概念和更新过程理论给出了模型的近似解。Zhao 等拓展了传统的延迟时间模型,使其更加接近设备实际的故障过程,并以费用为优化目标得到了最优检测间隔和最佳更换周期。Makis 和 Jardine 利用马尔可夫过程描述设备的退化现象,并利用比例故障模型(Proportional Hazards Model,PHM)描述设备的故障机理,而后在上述模型的基础上,以长期运行费用率最小化为目标得到了周期检测下的最优故障率控制阈值。针对压力管道,Kallen 和 van Noortwijk 通过 Bayes 方法考虑了不完全检测问题,即检测过程中存在测量误差,并以费用最小化为目标确定了最优检测间隔。谭林针对 Gamma 退化型设备研究了基于 Bayesian 更新的自适应维修优化方法,并在实际设备中进行了应用。Xiang 等利用马尔可夫过程描述设备的退化过程,并证明检测误差对视情维修优化结果具有影响。Aven 和 Castro 建立了考虑安全约束的延迟时间模型。该模型以费用为优化目标分别考虑了两种安全约束,通过优化计算得到了设备的最优检测间隔时间。通过分析现有的周期检测视情维修优化方法,发现大部分维修优化模型均假设设备的预防性维修为完全维修,且较少全面考虑设备执行任务过程中可能存在的多种约束。

2)非周期检测下维修优化

非周期检测或称序贯检测是指检测间隔在系统的寿命周期内不是固定不变的,其紧邻检测间隔之间存在相关关系。非周期检测通常是根据当前检测间隔或检测状态等确定下一次检测时间,与周期检测方式相比,它能够更好地适应退化过程中的不确定性。Dieulle 和 Grall 在 Park 提出的检测模型的基础上利用检测规划函数研究了非周期检测优化问题,其中,下一检测时间由检测规划函数依据当前检测状态确定。这里检测时间不是固定的而是关于退化状态的函数。为了处理非周期检测下的以期望维修费用最小为目标的维修优化问题,Dieulle 和 Grall 利用半再生过程理论优化获得了设备的最优预防性维修阈值和检测规划函数。Barker 和 Newby 基于多元 Wiener 过程描述多部件设备的性能退化,并以维修费用最小化为目标确定了非周期检测方案。Deodatis 等采用 Bayesian 更新方法确定飞机结构非周期检测计划以确保飞机结构部分的可靠度始终满足设计要求。Abdel - Hameed 将其之前建立的模型进行了改进,将原来的周期检测改为非周期检测并引入了折旧费用。Crowder 和 Lawless 分别在 Gamma 过程和 Wiener 过程的基础上研究了一种简单检测更换策略,下一检测间隔与前一检测间隔的时间长度和检测状态有关。Grall 讨论了多预防性维修阈值的维修优化问题,检测时间由检测状态及有关控制规则确定,其设备失效可以立即获知。

Castanier 等建立了两部件串连的视情维修模型,每个部件的退化过程相互独立且伴随非周期检测,其设备失效只能通过检测获知。Meier - Hirmer 成功将上述非周期检测模型用于高速铁路铁轨的维修优化,该模型中考虑了维修的延误时间。Jiang 针对非减退化过程,建立了序贯检测维修优化模型,其中第一次检测时间和预防性维修阈值由离线模型获得,而后的检测时间由在线模型获得。为降低计算难度,文章还提出了周期检测与非周期检测相结合的混合检测方式。Yang 和 Klutke 提出了一种不定期检测策略,模型以最低可用度要求作为约束条件。现有的非周期检测维修优化模型,多是针对完全检测的情况,对于不完全检测下的设备非周期检测维修优化问题以及考虑安全约束等的非周期检测维修优化问题研究不多。

**2. 连续检测下视情维修优化**

连续检测相对于离散检测其检测形式较为简单。假设设备的故障阈值为随机变量且设备发生故障后能立即获知,Park 以系统长期运行的期望费用率最小为目标确定了连续检测下 Gamma 退化型设备的预防性维修的阈值。当设备发生故障或退化水平超过预防性维修阈值时,设备立即进行更换。Zuckerman 也研究了类似问题。Park 和 Zuckerman 确定的预防性更换与传统的定期更换不同,定期更换之间的时间间隔是固定的,这里的更换由预防性维修阈值确定,更换间隔不固定。Bérenguer 等以最小化不可用度为优化目标,建立了考虑连续检测和完全维修下的关于预防性维修阈值优化的维修决策模型。假设设备的退化状态超过预防性维修阈值后,经过固定的延迟时间触发维修活动并且维修占用时间是随机的,Grall 等分析了维修系统的稳态故障率及其在维修决策中的应用。在连续检测条件下,Liao 等建立了不完全维修下的视情维修优化模型并以最大化稳态可用度为优化目标,得到了设备的最优预防性维修阈值。该模型假设不完全维修后的系统退化水平为随机变量。Liao 等建立了连续检测设备的序贯预防性维修模型。模型中假设当设备的可靠度低于某一阈值时进行预防性不完全维修,当预防性维修次数达到 N 时,进行预防性更换。Nicolai 和 Frenk 以有限时间内的期望费用最小化为目标,建立了金属防护涂层的维修优化模型。该模型假设不完全维修后设备的退化模型参数可能发生变化。Tai 和 Chan 对于连续检测设备以可用度最大化为目标,分别研究了可用度包含随机因素和不包含随机因素情况下的维修优化问题,并得到了最优的预防性维修阈值和维修次数。Marseguerra 等建立了以利润和平均可用度最大为优化目标的维修优化模型,通过遗传算法和蒙特卡罗仿真方法得到了连续监测下的最优预防性维修阈值。

**3. 退化突变下视情维修优化**

由于外界环境的影响或自身退化的特点,实际中设备的退化过程可能会发生突变,目前已经有研究人员开始考虑退化突变对视情维修的影响。假设系统的退化过程具有两种退化模式:正常模式和加速模式。由正常模式向加速模式转变的时刻是随机的,Fouladirad 和 Grall 利用 CUSUM(cumulative sum,累积求和)算法确定设备的退化突变时刻,进而建立了以费用最小化为目标的维修模型,优化得到了最优检测间隔和预防性维修阈值。在连续检测条件下,设备发生退化突变时能够瞬时获知,Saassouh 等提出设置激活区并利用激活区和变点的位置关系控制预防性维修活动,而后以不可用度最小化为目标建立维修优化模型。Ponchet 等利用半再生过程的性质分别建立了考虑退化模式改变和不考虑退化模式改变的定期检测维修优化解析模型,并证明了考虑退化突变对维修决策具有重要影响。Zhao 等针对具有两个退化模式的设备建立了预测维修模型,通过两个可靠度阈值对维修活动进行规划。有关 CBM 中的变点检测研究相对较少,维修领域主要是 Grall 的研究团队做了较为深入的研究。上述考虑退化突变的维修优化方法研究都是针对单一退化失效型设备进行的,对于更加复杂的故障情况没有进行考虑。

**4. 竞争失效下视情维修优化**

在工业生产过程中,实际的设备在同一时间往往存在两种及以上的故障机理,任何一种故障机理导致的失效均会导致设备失效,即竞争失效。竞争失效在实际设备中广泛存在,因此,在维修优化模型中考虑竞争失效具有重要意义。

目前许多研究将竞争失效中的不同失效机理视为相互独立,不考虑其中的相关性。Li 和 Pham 研究了竞争失效条件下退化设备的维修优化问题,并引入几何过程概念表征检测间隔随状态的变化情况。Zhu 等研究了存在退化失效和突发失效竞争的设备的维修优化,以可用度最大化为目标,以费用为约束优化得到了最优预防性维修阈值和最优预防性更换时间。Kharoufeh 等研究了存在退化和冲击失效的设备的可靠性,采用马尔可夫过程描述设备的退化并利用齐次泊松过程描述冲击到达过程,得到了设备的寿命分布和周期检测下的稳态可用度。Kallen 和 van Noortwijk 等建立了不完全检测下竞争失效型设备的视情维修优化模型,并将其应用于同时存在腐蚀和断裂两种故障模式的管道。

假设竞争失效过程之间相互独立,忽略不同失效过程之间的相互影响,将可能导致过高估计设备的可靠度,进而影响设备的维修优化。因此,有必要考虑竞争失效模式之间的相关性,使可靠性模型更加准确,使维修决策更加合理。近年来,研究人员开始关注相关竞争失效下的维修优化问题。Huynh 等建立了由退化失效和突发失效组成的相关竞争失效模式下的周期检测维修优化模型并证明了状态检测对维修决策的重要性。其中,设备的退化过程用 Gamma 过程描述,冲击失效过程服从非齐次泊松过程且冲击到达率为退化水平的函数。而后,Huynh 等在上述相关竞争失效模型的基础上考虑了最小修在视情维修中的应用。Wang 和 Pham 针对具有相关竞争失效模式的设备建立了考虑不完全维修的多目标检测维修优化模型,实现了以最少费用获得最大可用度。假设致命冲击到达率为设备的退化水平的函数,Chen 建立了以费用最小化为目标的视情维修优化模型,得到了设备的最优检测周期。

前面所述考虑相关竞争失效的维修优化模型中主要通过多元正态分布或利用含协变量的故障率来对相关关系进行建模。利用这些方法虽然能够直接获得系统的可靠度,但这些方法难以描述实际设备中的复杂性。

## 1.3 复杂设备组合维修间隔期优化研究现状

不同于单部件设备,复杂设备常常包含若干层次的子设备,如果各子设备之间的物理结构、故障发生甚至维修费用等都是相互独立的,就可以把每个子设备视为单部件,采用已有的单部件优化方法和模型做出决策。事实上,目前所采用的许多维修分析也是在这种独立性假设的基础上进行的。

但是,实际中复杂设备的各个子设备之间存在千丝万缕的联系,因此一个给定子设备的维修决策必然和设备内其他子设备之间存在一定的相关性。这种相关性是复杂设备的维修决策不同于单部件设备的根源和关键所在,对于这种维修相关性的探索和研究是对复杂设备进行维修决策的起点和基础。

### 1.3.1 复杂设备维修相关性研究现状

近几十年来,越来越多的相关学者和人员开始对维修相关性进行探索和研究。其中,存在最普遍也最受关注的是故障相关性、经济相关性和结构相关性。

**1. 故障相关性研究现状**

故障相关性,也称为随机相关性,在复杂设备中主要是指一个部件的状态会影响其他部件的状态。这里的"状态"包括寿命、故障率、故障状态等各种状态度量标准。

许多文献都对故障相关性及其分类进行了探讨。如《军用装备维修工程学(第 2 版)》中将相关故障称为统计相依故障,并进一步划分为元件分担负荷、共因故障和互斥故障进行讨论;*Modeling failure dependencies in reliability analysis using stochastic petri nets* 中根据故障相关的原因将其划分为共因故障、冲击故障、储备冗余故障等;*Reliability prediction of complex repairable systems：an engineering approach* 则从相关故障作用方向性的角度,将其分为单向作用相关故障、交互作用相关故障等。

这里对其进行分析综合,将维修决策分析中涉及的相关故障归纳为以下三种情况:

(1)共因故障(Common Cause Failure,CCF)。共因故障是指由于一个共同原因而导致多个部件同时发生故障,它通常与地震、洪灾、飓风和能量中断等现象联系在一起。目前对于 CCF 比较广泛认可的定义为:"一系列相关事件的子集,在这个子集中有两个以上的故障状态同时或在一小段时间内存在,并且是一个共同起因的直接结果。"

Liyang Xie 对引发故障相关的根源故障、耦合机制等概念进行了分析,区分探讨了"固有 CCF""绝对 CCF""相对 CCF"等,并提出了一种基于知识的多维离散共因失效模型。Liyang Xie 研究了管段设备的共因失效,通过建立多部件相关故障模型(MCDF)来处理各管段故障之间的相关性,并采用不同的压力标准差/强度标准差分析比较了传统模型和 MCDF 模型的结果。Zhihua Tang 提出了一种将共因故障集成到系统分析中的综合方法,通过模糊分析与二元决策图(BDD)利用马尔科夫模型可以实现准确有效的共因失效分析。

(2)交互故障(Interactive Failure)。按照相关故障的作用方向区分,上面文献中的各类共因故障均属于单向作用,即一些部件的故障会对其他部件的故障产生影响,而后者对前者则不产生作用。然而许多情况下,部件之间故障是互相影响双向作用的,这称为交互故障。根据交互故障的后果,可将其分为以下两类:

致命影响故障交互:一个部件的故障会导致其他部件立即发生故障,在故障发生前部件之间的状态是独立的。

非致命影响故障交互:在故障发生前部件之间的状态是独立的,部件故障的发生会加快其他部件功能退化的速度(如增加其故障率),而不会导致其立即故障。

由于对故障交互影响建模非常困难,模型求解也比较复杂,目前对于故障相关部件的研究主要局限于两部件相关,多数文章只考虑了两部件的情况。例如,高萍提出了两重威布尔非致命冲击模型用于解决二元相关故障设备的寿命分布问题。但是,也有一些相关人员致力于多部件故障相关的研究,并取得了一定的成果。Lirong Cui 等研究了一个故障相关设备在机会维修策略下的多部件累积损伤冲击模型,给出了多部件设备机会维修的通用解决方法。Yong Sun 从工程应用的角度出发,利用泰勒级数展开方法,通过引入交互系数建立了交互故障分析模型(AMIF),可用于设备及各部件的故障概率分析。

（3）储备冗余（Standby Redundancies）。在储备冗余设备（并联设备、多数表决设备等）中，某一工作单元发生故障后，其他单元的负荷便会增大，可能导致其他同型单元的故障机理、特性改变，从而导致其他单元的故障不再独立，因此部件之间的故障会产生统计相关。

Haiyang Yu 等研究了一个冗余设备的故障相关性，推导出了定量化冗余相关性的相关函数，并将冗余相关性进一步划分为独立、弱相关、线性相关和强相关等。Amir Azaron 等利用遗传算法解决了一个不可修冷储备冗余设备的多目标可靠性优化问题，可以从可用部件组中选出最佳部件放于储备设备，实现设备初始购置费用最小、设备 MTTF 最长和设备可靠性最大等多个目标。

**2. 经济相关性研究现状**

经济相关性是指将几个部件一起组合维修的费用高于或低于分别维修的费用之和。经济相关主要可分为三类：正经济相关、负经济相关和正负经济相关的综合。正经济相关是指通过将若干部件进行联合维修，与分别维修相比可以节省费用。顾名思义，负经济相关是指若干部件的联合维修与分别维修相比，所花费的费用更高。有些复杂设备同时包含正经济相关和负经济相关，需要在联合维修产生的经济效益和对系统造成潜在故障风险之间进行综合权衡。

在通常情况下，对复杂设备进行组合维修是会节省费用的，因此在多数文献中若无特别说明也将经济相关默认为正经济相关。维修费用的节省主要是通过两条途径来实现的：一是不同部件同时开展维修活动，由于这一组维修活动只需一次准备费用（Set - Up Cost），因此可以减少准备费用；二是当某部件发生故障时，可以利用对其维修的时机来对其他部件进行预防性维修，从而减少停机次数和损失。

其中，上面第一条途径还可依据设备准备费用的不同，进一步归纳分类。即如果不论对几个部件同时维修，所需准备活动都一样，准备费用都固定不变，那么该准备费用是统一的；如果对不同部件的组合维修，会需要不同的准备活动，产生不同的准备费用，那么该准备费用是复合的。

一般研究中为了简便起见，多采用统一准备费用。如 Dekker 等对高速公路的维修费用进行了研究，通过将以前维修保养小片破损路面的做法改变成维修大片路段，节省了维修费用。Van der Duyn Schouten 等研究了交通信号灯的灯泡更换问题，每次更换活动都需要固定的人力和设备运送费用，因此可将预防性维修更换统一进行。Castanier 等利用随机过程研究了一个两部件串联设备，一并来做两个部件的维修活动与各部件单独做准备费用不变，可利用联合维修节省费用。关于复合准备费用的文献较少，Van Dijkhuizen 研究了多部件生产设备预防性维修工作的组合问题。在该生产设备中，不同部件的维修需要不同的准备工作,每个部件的预防性维修都有单独的维修频率,当几个部件同时维修时需要综合不同的准备活动。蔡景等(2006)采用成组维修策略,通过对飞机空调设备维修的准备费用进行并行性分析,采用遗传算法优化了其维修间隔期。

当设备发生故障停机时,可将预防性维修工作和修复性维修工作一并进行,这尤其适用于串联设备。Shen 和 Jhang 针对一组独立同分布可修单元组成的设备提出了一种两阶段机会维修策略。在第一阶段$(0,T]$,通过最小维修进行预防性工作,通过更换进行修复性维修;在第二阶段$(T,T+W]$,预防性工作仍采用最小维修,而故障部件不采取措施。然后选择适当时机对所有故障部件进行更换,对其他部件进行预防性维修。程志君和郭波(2007)利用更新过程理论建立了计划维修策略下的多部件设备可靠性模型,并优化了设备维修费用率。蔡景等(2007)采用机会维修策略,设计了设备维修费用的仿真算法,验证了部件之间存在的维修相关性。

**3. 结构相关性研究现状**

结构相关性是指对某一部件进行维修时相关部件由于结构约束需同时进行维修或拆卸。由于一个部件的故障为更换其他部件提供了机会,因此,机会维修策略在结构相关设备中应用很多。由于考虑结构相关性时常常也会节省维修费用,因此部分学者也将其归入经济相关性,但是它们之间存在着明显的区别:经济相关性中维修费用的节省多是通过若干部件维修工作的同时进行来实现的,这些部件在结构上并不相关;而结构相关性中维修费用的节省则是因为考虑了复杂设备内部件之间的物理结构关系。

目前,关于结构相关性的研究和文献很少,这方面的开创性文章为1956年Sasieni 所写的 *A Markov Chain Process in Industrial Replacement*。这篇论文中,他研究了橡胶轮胎的生产问题。生产橡胶轮胎的机器由两个模具组成,轮胎在两个模具上同时生产。当一个模具损坏时,机器必须停机。这就意味着另外一个模具可被同时更换。论文讨论了两种维修策略:第一种是预防性维修策略,如果一个模具在故障前已经生产了一定量($m$个)的轮胎,那么它即使无故障也要被更换;第二种是机会维修策略,当机器停机来更换一个模具时,如果另一个生产了$n(n<m)$个轮胎,那么它也被同时更换。

## 1.3.2 考虑维修相关性的复杂设备预防性维修优化研究现状

上述关于维修相关性的研究,探索和分析了复杂设备维修决策的特点,为进行复杂设备维修优化提供了依据。但是由于复杂设备维修建模和优化的难度较大,其相关研究和探索的进展一直以来都很缓慢。直至近三十余年来,一方面由于解析建模技术和计算机技术的发展,另一方面由于人们越来越认识到部件之间交互作用对设备维修决策的影响,大量学者在以上研究的基础上开展了复杂设备的维修决策优化研究,采取各种途径进行设备预防性维修工作的优化,并取得了丰硕的研究成果。

**1. 基于数学模型的复杂设备维修优化**

由于复杂设备的维修相关性可通过数学描述的形式来体现,因此可基于概率统计和随机过程等理论,结合相应的维修策略,建立其维修决策数学模型来进行维修优化。

从设备可用性或费用的角度来看,组合维修策略是广受关注的问题之一,它尤其适合于拆装和准备费用较高的情况。蔡景等分析了复杂设备维修费用构成和设备利用率,在此基础上以故障风险为约束,以设备总体维修费用最小化、设备利用率最大化为目标,建立了组合维修策略的优化模型。Rommer Dekker 等通过引入边际成本准则,用于确定一组部件进行预防性更换的最佳时机。Gerhard van Dijkhuizen 等则通过对复杂设备建立维修费用树来表达实施维修时维修工作与准备活动之间的不同关系,并利用动态规划算法和分支约束算法得出了最优的维修工作组合。蔡景等针对存在经济相关性的复杂设备,建立了以设备预防维修费用率最小化为目标、设备可靠度为约束的优化模型。赵建华等以单位时间维修费用最小为目标建立了多部件故障预防工作的组合优化模型,并进一步运用最大梯度原理剔除了不值得组合的个别部件,得到更为合理的组合方案。

机会组合维修策略是指当某部件发生故障时,将达到机会维修范围部件的预防维修提前,和故障部件的修复维修有机结合起来一起做,从而节约设备的维修成本。Lirong Cui 等在文献 *Opportunistic Maintenance for Multi – Component Shock Models* 中研究了一个故障相关设备在机会维修策略下的多部件累积损伤冲击模型,给出了多部件设备机会维修的通用解决方法。Dekker 等对包含 $n$ 个独立同分布灯管的灯标进行了研究。为了确保最小亮度,当灯泡故障数到 $m$ 时对其进行更换。更换时需要进行放低灯标等准备活动,这些活动也为同时进行修复和预防性维修提供了机会,作者利用遗传算法确定了最优的机会维修时间。Pham 和 Wang 则研究了 $k/n(G)$ 设备的不完善预防性维修问题,提出了一种两阶段机会维修策略:第一阶段通过最小维修排除故障;第二阶段则当设备工龄到达 $T$ 或 $m$ 个部件故障后进行统一更换。Giacomo Galante 等对串并联设备在机会维修策略下的可靠性水平进行了研究,在确保设备以最小费用保持在所需可靠性水平的基础上,提出一种精确算法来确定每次所必须维修的部件,并通过轮船维修的实际案例验证了算法的有效性。

**2. 基于仿真模拟的复杂设备维修优化**

由于复杂设备预防维修优化较为复杂,采用数学模型有时会难以描述和表达或者求解过程非常繁琐,而利用计算机进行仿真模拟不需要对部件之间的相关性、分布等做任何假设或简化,是一种实用而有效的解决途径。

Ho Joon Sung 采用蒙特卡罗仿真和实验设计表(DOE)来获取复杂设备可靠性函数的仿真结果,通过多变量回归构建 RSE(Response Surface Equation,响应曲面公式),可用于确定考虑维修相关性复杂设备定期检测工作的间隔期。Ricardo M. Fricks 等对目前可靠性建模中存在的各类相关故障进行了总结和分类,然后综合利用随机 petri 网和连续马尔可夫链模拟了各种相关故障,为相关故障的表示和定量计算提供了解决方案。Stephen S. Cha 介绍了航空公司计算机系统部门开发的一种交互式故障模式的分析工具——面向航空安全的 Petri(Aerospace Safety Oriented Petri – net, AeSOP)网,它可为用户提供灵活的仿真分析环境来确定各种故障事件对设备的影响,尤其适用于辅助进行复杂设备的安全分析。苏春等以部件寿命服从非指数分布、维修属于非马尔可夫过程的复杂设备为对象,以设备可用度和维修成本为优化目标,通过仿真优化了设备的预防性维修周期。Yuichi Watanabe 等提出了一种 DQFM(Direct Quantification of Fault tree using the Monte carlo simulation)方法,利用计算机蒙特卡罗仿真对核电站地震安全概率评估的故障树进行了定量化,考虑了部件之间故障的相互作用,研究了故障相关对 CDF(Core Damage Frequency,堆芯损害频率)所产生的影响。

**3. 其他复杂设备维修优化方法**

除了数学建模和计算机仿真这两种最常用的处理方法,也存在其他的复杂设备维修优化方法,下面做一简单介绍。

(1)PMO 方法。PMO 是英文 Preventive Maintenance Optimization 的缩写,称为"未来的维修分析方法",是对所有的预防性维修工作进行合理化配置的一种方法。它首先收集设备所需的预防性维修工作并确定其解决的故障模式,依据故障模式进行分组并弥补遗失的故障模式,然后对每种故障模式进行影响分析确定故障后果,最后根据故障后果确定预防性维修策略并形成维修大纲。

由于这种方法可确保所有工作都产生作用,并且没有重复劳动,所以针对复杂设备部件多、故障模式复杂甚至相关的情况,在确定预防性维修工作时,可借鉴其依据故障模式来优化和精简维修工作的方法,从而避免处理相同问题的重复性工作,节省人力和费用。

PMO 方法这种"维修工作→故障模式→功能故障→故障影响→维修方式"的分析流程与 RCM 方法的"功能故障→故障模式→故障影响→维修方式→维修工作"的分析过程相反,因此也被称为反向 RCM 方法。但该方法目前尚不成熟,尤其是其故障模式的确定方法争议很大。

（2）维修效益分析法。复杂设备包含部件较多,若按单部件模型确定的最优预防性维修周期进行维修,则会造成大量的停机,不仅影响设备利用率,还会造成成本损失。维修效益分析法通过建立各种维修工作方式的效益判断准则,确定设备各个部件的维修方式和时机,并进一步汇总成设备的预防性维修大纲。

维修效益分析法的主要步骤为:首先,利用定期更换模型,计算出各个部件的最佳更换间隔期 $t_p$,取其最小值作为设备的预防性维修间隔期 $T$;然后,依据可靠性退化趋势判断其他部件在间隔期 $T$ 是否需要采取维修工作,若需要则通过维修效益分析来选择产生效益最大的维修工作方式;最后,汇总各个部件在每个间隔期 $T$ 所采取的维修方式和维修时机,得出设备的预防性维修大纲。

（3）RCAM 方法。众所周知,RCM 是一种通过预防性维修来确保设备可靠性的系统工程方法,然而该方法无法评估维修对于设备可靠性和费用产生的作用,无法得出它们之间的定量关系。为了解决上述问题,通过对 RCM 方法进行改进,并进一步对不同维修策略对于设备可靠性和维修费用的影响进行评价,得出复杂设备的最优维修策略。这种方法称为以可靠性为中心的资产维修(Reliability Centered Asset Maintenance,RCAM)。

以可靠性为中心的资产维修方法主要通过两方面的工作来实现对设备维修策略的评价:可靠性评估和经济性评估。即首先通过故障率模型评估预防性维修对故障原因的效果,然后进行费用分析得出使总体维修费用最小的维修策略。其具体过程包括三个阶段:第一阶段进行系统可靠性分析,确定系统边界,确定关键部件;第二阶段进行部件可靠性建模确定 PM Preventive Maintenance,预防性维修和可靠性之间的定量关系;第三阶段进行系统可靠性和费效分析,评价部件维修对系统可靠性影响和不同 PM 策略下的费用。该方法的基本思路是首先在系统级分析,然后细分到部件级,最后又回归到系统级。

## 1.4　本书的研究内容

本书以复杂设备为研究对象,结合其维修间隔期优化需求,针对复杂设备的性能退化问题,基于独立增量过程研究了非周期性检测、预防性维修阈值确定、考虑竞争失效的视情维修间隔期优化建模方法;针对复杂设备实施多项维修工作的情况,引入了相应的预防性维修组合策略,并研究了组合维修间隔期的确定与优化建模方法。具体研究内容如下:

第 1 章　绪论。介绍了本书的研究背景与目的,综述了目前国内外复杂设备预防性维修数学模型的研究现状,并对当前研究现状进行了分析,并进一步给出了本书的主要研究内容。

第2章　复杂设备维修间隔期优化建模需求分析。归纳了维修决策中复杂设备的涵义,分析了复杂设备维修决策的建模需求,给出了复杂设备维修建模的基础理论,以及维修过程定量化分析的基本方法。

第3章　基于平稳独立增量过程的视情维修间隔期优化模型。首先研究了完全检测下的非周期检测问题,而后对上述模型进行扩展,研究了不完全检测下的非周期检测维修优化问题,并进一步考虑了风险可接受阈值约束,分析了安全风险因素在维修优化中的重要性。

第4章　基于非平稳独立增量过程的视情维修间隔期优化模型。考虑退化速率存在突然加速的情况,分别建立了基于非平稳独立增量过程的 PM 阈值自适应变化的离线维修优化模型和在线维修优化模型。之后,进一步研究建立了含变点的竞争失效型设备的离线维修优化模型和在线维修优化模型。

第5章　复杂设备典型预防性维修工作组合优化模型。引入组合维修策略,针对复杂设备通常采用的定期更换、功能检测等典型预防性维修工作,从系统的角度分析其维修费用结构和组成,分别建立了其长期使用条件下和短期使用条件下的维修周期优化模型,并通过实例验证了维修策略和模型的实用性与有效性。

第6章　复杂设备复合维修工作组合优化模型。结合维修工程实际,介绍了复合维修的概念,在此基础上以辅以功能检测的定期更换这种维修工作为例,建立了复杂设备复合维修周期优化模型,并进一步分析了该模型的通用性和涵盖性。

第7章　故障相关复杂设备维修间隔期优化模型。上面的研究是在不考虑故障相关性的基础上进行的,本章探讨了故障相关的涵义影响,并对其进行定量分析和描述,建立了考虑故障相关性时复杂设备维修周期优化模型。

最后是结束语,对本书的研究内容和主要结论进行了总结,指出了有待进一步完善的问题,对未来的研究方向进行了展望。

# 第2章 复杂设备维修间隔期优化建模需求分析

要对问题进行准确和深入的研究,首先要明确研究对象的涵义和特点。本章首先分析和界定维修决策中复杂设备的涵义;在此基础上,结合其维修决策的基本过程,确定复杂设备维修决策的建模需求,并梳理和归纳维修决策建模所需的相关基础理论方法与技术。

## 2.1 复杂设备及其维修间隔期优化需求

复杂设备是个笼统的概念,在不同的研究领域其涵义与特点各不相同。本书主要从维修决策的角度,研究维修领域中复杂设备的特点与建模需求,探讨与之相适应的基础理论与方法,为后续维修间隔期优化奠定基础。

### 2.1.1 维修中复杂设备的涵义与特点

"复杂"与"简单",本身就是相对而言的。如上所述,关于设备维修间隔期决策建模的研究和应用已然很多,但其侧重角度与方向各有不同,本书主要从以下两个方面开展维修间隔期优化建模研究:针对复杂设备的性能退化问题,基于独立增量过程研究非周期性检测、预防性维修阈值确定、考虑竞争失效的视情维修间隔期优化建模方法;针对复杂设备实施多项维修工作的情况,引入相应的预防性维修组合策略,并研究组合维修间隔期的确定与优化建模方法。

经上面分析可知,本书中的复杂设备是指,在使用过程中会出现性能退化现象,运行状态的测量值比寿命数据含有更多的信息,需要根据设备的状态检测信息制定维修计划的设备;或是包含多个部件或多种故障模式(原因),对应采取多项预防性维修工作,在进行维修决策时需从整体进行分析与优化的设备。

目前,复杂设备维修决策的相关研究文献很多,在建模研究的角度采取了各种不同的名称,包括多部件系统(Multi – Component System 或 Multiple Components System)、多单元系统(Multi – Unit System 或 Multiple Unit System)、多组件系统(Multi – Part System 或 Multiple Part System)、多项目系统(Multi – Item System 或 Multiple Items System)、相关部件系统(Dependent Component System)以及复杂设备(Complex System)等。

可见,对本书所研究复杂设备进行的维修决策,一方面要考虑设备性能退化过程与规律对维修间隔期的影响,另一方面还要考虑部件(或子系统)之间的维修相关性对系统维修决策的影响。具体来讲,维修决策中的复杂设备一般具有如下特点:

(1)多元性。对于具有性能退化过程的设备来说,其状态是多元的;同时,复杂设备不可能只由一个部件构成,而是由若干个子系统或部件构成,并且这些构成元素之间通常存在着多样性和差异性,也是多元的。

(2)相关性。复杂设备内的构成元素之间并非相互孤立互不影响,而是按照系统特有的方式彼此关联在一起,相互依存相互制约。在维修决策中,一般将这种相关性归纳为经济相关性、故障相关性和结构相关性。

(3)涌现性。从系统整体的角度所进行的维修决策,不仅要考虑各构成元素,还要考虑构成元素之间的相互制约产生的新影响。通俗地说,就是整体维修决策不等于各部分维修决策之和。

## 2.1.2 复杂设备维修间隔期决策需求分析

通过前面分析可知,对于具有性能连续退化过程的设备,采用独立增量过程等手段,对于视情维修控制限(检测间隔和预防性维修阈值)的优化研究较多,但面对实际问题的复杂性,仍有一些问题需要解决:

(1)基于平稳独立增量过程的非周期检测维修优化问题。

依据系统的检测状态对检测周期进行动态调整是应对系统动态变化的一种有效方法,是 CBM 优化建模中需要关注的问题。目前基于平稳独立增量过程的非周期检测维修优化模型多假设系统退化状态的测量结果不含误差,而实际中的退化结果往往含有测量误差,若忽略误差将增加系统运行的安全风险,因此,有必要研究考虑测量误差情况下的基于平稳独立增量过程的非周期检测维修优化问题。

(2)基于非平稳独立增量过程的维修优化问题。

实际中一些产品由于受外界环境或自身退化机理变化等影响使得其自身的退化速率在退化过程中会发生突变。若忽略退化突变的存在,将直接影响到维修决策的制定,可能导致检测不及时,甚至造成严重事故。目前利用非平稳独立增量过程对退化过程存在突变的系统的维修优化研究较少,是 CBM 工程应用过程中亟需解决的问题。

而对于具有维修相关性的复杂设备,其维修决策的研究,多停留在理论研究的层面上,并未结合维修实践中存在的具体情况,进行较为深入和实际的探索,具体表现在以下几个方面:

(1)复杂设备预防性维修工作组合优化问题。

当前在对复杂设备制订预防性维修策略时,通常是基于原则性指导依靠经验或结合现行维修制度,简单地将周期相近的维修工作组合在一起,难以实现整体维修效果的最优化。因此,针对通常采取的典型预防性维修工作(如,定期更换、功能检测等),对复杂设备需引入组合维修策略,从费用、可用度、风险等不同角度建立维修间隔期优化模型,从而实现复杂设备预防性维修工作的组合优化。

(2)复杂设备复合维修工作优化问题。

在目前的维修模型中,上述文献所研究的维修工作都是单一方式,如定期更换、定期报废、功能检测、使用检查等。在实际维修中,当采用单一维修工作类型仍无法确保维修效果时,就需要实施两种或两种以上类型的预防性维修工作。通过这种复合维修工作的实施,往往既可以确保较高的安全性和可用度,也可以实现理想的经济效益比,达到单一类型的维修工作所无法达到的维修效果。但是,在目前的维修决策理论和方法中,关于此类复合维修工作的优化研究几乎没有,需要进一步地深入研究。

(3)关于多部件存在故障相关性时的维修优化问题。

在对设备进行维修决策时,各种维修方法的基本前提假设是各部件故障的发生是相互独立的,即各部件故障互不相关互不影响。基于此,对导致部件失效的故障原因进行分析决断,得出适用有效的预防性维修工作及其维修间隔期。然而当部件之间故障的发生具有"故障相关性"(Failure Dependency)时,这种方法所做出的维修决策在工程应用中是不准确的。由于对故障交互影响建模非常困难,模型求解也比较复杂,目前对于故障相关部件的研究很少,已有的研究也多只能处理设备含有两个故障相关部件的情况,无法进一步应用到实际中多个部件故障相关时的维修决策。

## 2.2　复杂设备维修建模的基础理论

建立复杂设备的维修决策模型涉及多方面的知识,包括复杂设备的维修策略、建模所应用的基础数理统计理论、可靠性理论与技术以及相关数学分析方法等。由于后续研究都是在此基础上进行的,本书为不失完整性和系统性,这里对其进行统一概述。

### 2.2.1 更新过程理论

在研究可修系统的维修决策时,通常会利用随机过程的基本理论和工具。在本书建立的多数模型中,均是假设产品故障后修理或预防性维修后,恢复到其新品时的状态,即修复如新。在这种情况下,就可基于一类特殊的随机过程——更新过程来建立维修模型。

假设可修产品在运行一段时间后发生故障,通过更新使其恢复功能并重新工作,直到下一次发生故障,从而引发新的更新,如此反复进行下去就形成了一个更新时间的序列。若记 $t_1,t_2,\cdots,t_i,\cdots$ 表示两次更新之间的工作时间,$N(t)$ 表示产品在 $(0,t]$ 内发生故障的次数,则 $\{N(t),t\geq0\}$ 就代表了一个在时间序列上进行更新的计数过程,如果故障间的工作时间 $t_i$ 符合独立同分布假设,则称 $\{N(t),t\geq0\}$ 是由 $t_1,t_2,\cdots,t_i,\cdots$ 所产生的更新过程。

**1. 费用模型的建立依据**

若 $\{N(t),t\geq0\}$ 是由非负随机变量 $X_1,X_2,\cdots$ 所产生的更新过程。假设 $Y_n$ 为第 $n$ 个更新寿命 $X_n$ 中的报酬,$n=1,2,\cdots$,且 $(X_n,Y_n)$,$n=1,2,\cdots$ 独立同分布,令 $Y(t)=\sum_{n=1}^{N(t)}Y_n$ 是 $(0,t]$ 时间内的总报酬,如果 $E|Y_n|$ 和 $EX_n$ 有限,则

$$\lim_{t\to\infty}\frac{Y(t)}{t}=\frac{E[一个更新循环中的报酬]}{E[一个更新循环的时间]}=\frac{EY_n}{EX_n}$$

由上式可知,在建立长期使用条件下限条件下单位时间的费用模型时,只要考虑其一个更新周期内费用的期望值以及更新周期的期望值即可。

**2. 可用度模型的建立依据**

设 $\{X(t),t\geq0\}$ 为一随机过程,其状态空间 $S=\{0,1,2,\cdots\}$,如果以概率 1 存在随机变量 $\tau_1$,使得随机过程 $\{X(t-\tau_1),t\geq\tau_1\}$ 与原过程 $\{X(t),t\geq0\}$ 在概率上完全相同,则称 $\{X(t),t\geq0\}$ 为再生过程。若 $\{X(t),t\geq0\}$ 是一再生过程,$E\tau_1<+\infty$,令 $Z_j(t)$ 表示在 $(0,t]$ 中处于状态 $j$ 的时间,则对 $j\in S$ 有

$$\lim_{t\to+\infty}\frac{Z_j(t)}{t}=\frac{E[一个更新循环中处于状态\,j\,的时间]}{E[一个更新循环的时间]}$$

若状态空间 $S=\{0,1\}$,其中 0 表示产品工作,1 表示产品故障,则 $\lim\limits_{t\to+\infty}\dfrac{Z_0(t)}{t}=1-\lim\limits_{t\to+\infty}\dfrac{Z_1(t)}{t}$ 就表示可修产品工作时间占总时间的比例。

由上式可知,在建立长期使用条件下限条件下的可用度模型时,只要考虑其一个更新周期内工作(或故障)时间的期望值以及更新周期的期望值即可。

### 2.2.2　延迟时间理论

通常情况下,许多产品故障的发生并不是瞬时的,而是经过一段时间,最终才发展成为功能故障。实践证明,大约30% ~40% 的故障模式,具有一个功能退化过程,期间会出现某种征兆以预示故障即将发生或正在发生过程中。如果通过检查发现这种征兆及时采取预防性措施就可避免功能故障的发生。

针对以上现象,经过大量科学和深入的研究,英国 Salford 大学的 A. H. Christer 教授于1973 年首次提出了延迟时间(Delay Time)概念,它的基本思想是将产品故障的形成划分为两个阶段并假定这两个阶段相互独立,第一阶段是指产品从投入使用到发生潜在故障的时间过程,第二阶段是指从潜在故障发展到功能故障的时间过程,如图 2 -1 所示,并基于此概念建立了延迟时间模型。

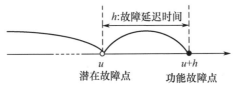

图 2 - 1　延迟时间的概念

由于延迟时间模型可以更好地处理有故障征兆产品的维修建模,与功能检测模型有许多的相同点,在解决具体问题时,它为功能检测问题提供了一个可行的基础。

延迟时间的概念把故障过程分为初始缺陷时间 $U$ 和故障延迟时间 $H$,如果在 $U$ 时刻对产品进行检测,缺陷就可以被发现,从而进行检测更新;若缺陷没有被发现,那么再经过延迟时间 $H$,缺陷就会导致故障,则对产品进行故障更新。

图 2 -2 和图 2 -3 描述了产品以 $T$ 为间隔期进行功能检测的过程,$t_i$ 代表第 $i$ 个检测点($i = 1,2,3,\cdots$)。其中:图 2 -2 表示在功能检测过程中,发生了功能故障而导致更新;而图 2 -3 则表示因为检测到潜在故障而进行检测更新。

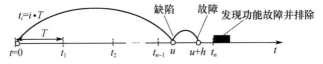

图 2 -2　功能检测中的故障更新

假设时刻 $u$ 发生潜在故障,其密度函数和分布函数分别由 $g(u)$ 和 $G(u)$ 表示,延迟时间 $h$,其密度函数和分布函数分别由 $f(h)$ 和 $F(h)$ 表示,则在检测时刻

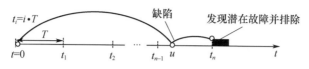

图 2 - 3　功能检测中的检测更新

$t_i$前发生故障更新的概率为 $g(u) \cdot \mathrm{d}u \cdot F(t_i - u)$，在检测时发生检测更新的概率为 $g(u) \cdot \mathrm{d}u \cdot \{1 - F(t_i - u)\}$。

在 $(t_{i-1}, t_i)$ 上对 $u$ 积分，可以得到在 $(t_{i-1}, t_i)$ 上发生故障更新（或故障风险）的概率，可以表示为

$$P_f(t_{i-1}, t_i) = \int_{t_{i-1}}^{t_i} g(u) F(t_i - u) \mathrm{d}u$$

$t_i$时刻发生检测更新的概率为

$$P_m(t_{i-1}, t_i) = \int_{t_{i-1}}^{t_i} g(u) \{1 - F(t_i - u)\} \mathrm{d}u$$

### 2.2.3　维修工作的组合策略

组合维修，是指根据各维修优化模型确定部件的维修任务和周期后，将这些维修任务有机结合在一起，从而形成系统的维修方案，它为维修工作的组合优化提供了一条实用而有效的途径。

组合维修策略的适用范围很广，按照维修工作的类型，可分为修复性组合维修策略、预防性组合维修策略和机会组合维修策略。修复性组合维修策略是指当一个部件发生故障时，部件保持故障状态直至和其他发生故障的部件一起维修；预防性组合维修策略是用来预防故障和减少运营成本的，它是预先制定好维修计划，通过将维修任务同时执行来降低维修费用；机会组合维修策略则是指当某部件发生故障时，将达到机会维修范围部件的预防维修提前，和故障部件的修复维修有机结合起来一起做，从而节约系统的维修成本。

由于一个部件的故障为更换或维修其他部件提供了机会，因此"机会维修策略"在结构相关系统中应用良好。机会维修固然可以节约维修费用，但其缺点在于不能预先知道何时采取相应的维修活动，没有计划性，不利于维修规划的制订，也无法进行维修准备。本书主要研究预防性维修，所以全书采用预防性组合维修策略。下面若无特别说明，均是如此对待。

预防性组合维修策略的主要优点在于，按其制订的维修工作具有计划性，从而可以通过若干项工作的同时进行来节省准备费用。按照预防性维修工作的组合方法，它又可进一步分为固定组合维修策略（Fixed Group Maintenance Strategy)和优化组合维修策略(Optimized Group Maintenance Strategy)两类。

**1. 固定组合维修策略**

固定组合维修策略,即到了维修时间 $T$,不管部件的新旧程度如何都一起被维修或更换,比较适用于设备停机或拆装成本较高的情况。

不管是何种维修方式,如基于时间的维修或基于状态监控的维修,从大的方面来讲,维修活动的费用都可分为维修活动的直接费用和间接费用。直接费用是指与每项维修活动(修复性或预防性活动)直接相关的费用,间接费用则是指成功完成维修任务所需的管理费、行政费以及有关损失费用等。

因此,此时系统的维修费用可分为两类:一是系统内各部件的直接维修费用和故障停机损失;二是由于对系统实施组合维修所需的准备费用和造成的停机损失。根据上面的更新报酬理论,这种策略下设备单位时间的期望维修费用为

$$C(t) = \lim_{t \to \infty} \frac{[0,t] \text{ 时间内的设备维修费用}}{t} = \frac{C_G + \sum M_i(T)}{T}$$

式中: $C_G$ 为设备进行组合维修的预防维修费用; $M_i(T)$ 为部件 $i$ 在维修周期内的期望维修费用。

**2. 优化组合维修策略**

优化组合维修策略,考虑各维修工作的组合优化,将其分成多个不同的组来对系统实施维修,其参数一般为 $T, k_1, k_2, k_3, \cdots$。通常采用的方法是,设定一个最小的维修间隔 $T$,将各部件的维修间隔调整为这个最小间隔的倍数,即 $k_i \cdot T$。此时设备的期望维修费用为

$$C(t) = \sum \frac{M_i(k_i T)}{k_i T} + \sum \frac{C_{Gj}}{j \cdot T}$$

式中: $M_i(k_i T)$ 表示部件 $i$ 在其维修周期 $k_i T$ 内的期望维修费用。与上式不同的是,在实施组合维修时,由于每次的工作组合未必相同,因此所需的准备费用和造成的停机损失也不一定相等。在计算设备的维修费用时,要求出不同的维修工作组合时刻 $jT$ 所对应的预防维修费用 $C_{Gj}$。

这种策略的另外一种方法是,可将 $T$ 设定为最大的维修间隔,到了这个间隔期所有的部件一起进行维修,而间隔期内各部件 $i$ 以 $T/k_i$ 的周期进行小修,即在大修期内经历$(k_i - 1)$次小修。此时设备的期望维修费用为

$$C(t) = \frac{C_G + \sum k_i M_i(T/k_i)}{T}$$

式中: $k_i M_i(T/k_i)$ 表示在大修期 $T$ 内部件 $i$ 的期望维修费用。

24

## 2.3　复杂设备维修过程定量化分析方法

设备的退化过程通常具有随机性,利用随机过程刻画设备退化过程中的不确定性是一种有效方法。如果随机过程 $\{X(t):t\in T\}$ 具有下列性质:

(1) 对于任意 $0<t_1<t_2<\cdots<t_n$,随机变量 $X(t_1)-X(t_0),X(t_2)-X(t_1),\cdots,X(t_n)-X(t_{n-1})$ 为相互统计独立的随机变量。

(2) 对于任意的 $t\geq0,\tau>0,X(t+\tau)-X(t)$ 的分布仅与 $\tau$ 有关,而与 $t$ 无关。

则该随机过程为齐次独立增量过程。若长度相等时间段内的退化增量服从相同的分布,则称为平稳独立增量过程。

为了便于数学处理,常用的随机退化模型多为齐次平稳独立增量过程,如 Gamma 过程、Wiener 过程。下面对上述独立增量过程的定义和有关性质进行介绍,为后面的视情维修优化研究奠定基础。

### 2.3.1　Gamma 过程

设备在使用过程中,由于外界和自身老化等原因,其性能逐渐退化,当退化量达到某一水平时,设备会发生故障。Gamma 过程是一种常用的描述设备退化的随机过程。

**1. Gamma 过程定义**

记形状参数为 $\alpha>0$,尺度参数为 $\beta>0$ 的 Gamma 分布的随机变量 $X$ 为 $X\sim\mathrm{Ga}(\alpha,\beta)$,其密度函数为

$$f_X(x;\alpha,\beta)=\frac{x^{\alpha-1}}{\Gamma(\alpha)}\beta^\alpha\exp(-\beta x)I_{(0,\infty)}(x) \qquad (2-1)$$

式中: $\Gamma(\alpha)=\int_0^\infty u^{\alpha-1}\mathrm{e}^{-u}\mathrm{d}u$ 为 Gamma 函数; $I_{(0,\infty)}(x)$ 为示性函数,

$$I_{(0,\infty)}(x)=\begin{cases}1 & x\in(0,\infty)\\0 & x\notin(0,\infty)\end{cases}。$$

图 2-4 展示了不同参数下的 Gamma 密度函数的变化曲线。从图中可以看出 Gamma 分布非常灵活,可用于描述不同的数据集。

Gamma 分布有一个重要的特性,即服从 Gamma 分布的两个独立的随机变量,若其尺度参数相同,则它们的和也服从 Gamma 分布。

例如, $X_1\sim\mathrm{Ga}(\alpha_1,\beta),X_2\sim\mathrm{Ga}(\alpha_2,\beta)$,则有 $X_1+X_2\sim\mathrm{Ga}(\alpha_1+\alpha_2,\beta)$。进而

25

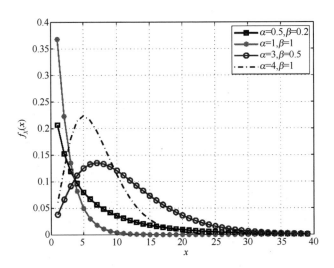

图 2 - 4　Gamma 密度函数变化曲线

若 $X_i \sim \mathrm{Ga}(\alpha_i, \beta), (i = 1, 2, \cdots, k)$，则有 $\sum\limits_{i=1}^{k} X_i \sim \mathrm{Ga}(\sum\limits_{i=1}^{k} \alpha_i, \beta)$。这一性质极大方便了利用 Gamma 过程描述累积损伤型系统的退化过程。依据上述性质，Gamma 退化过程定义如下。

若 $\{X(t): t \geq 0\}$ 满足：

（1）$X(0) = 0$；

（2）对任意 $0 < t_1 < t_2 < \cdots < t_n$，随机变量 $X(t_1) - X(t_0), X(t_2) - X(t_1), \cdots, X(t_n) - X(t_{n-1})$ 为相互统计独立的随机变量；

（3）对任意 $t \geq 0, \tau > 0, X(t + \tau) - X(t) \sim \mathrm{Ga}(x; \alpha\tau, \beta)$。

则称在样本空间 $[0, +\infty)$ 上的连续时间随机过程 $\{X(t): t \geq 0\}$ 为具有形状参数 $\alpha > 0$ 和尺度参数 $\beta > 0$ 的 Gamma 随机过程。

**2. Gamma 过程性质**

Gamma 过程为独立增量过程且样本轨迹不连续，又为跳跃过程。依据 Gamma 过程的定义，单位时间退化增量的期望为

$$
\begin{aligned}
E[X(1)] &= \int_0^\infty x f_X(x; \alpha, \beta)\,\mathrm{d}x \\
&= \frac{1}{\Gamma(\alpha)} \int_0^\infty (\beta x)^\alpha \exp(-\beta x)\,\mathrm{d}x \\
&\xlongequal{u=\beta x} \frac{1}{\beta\Gamma(\alpha)} \int_0^\infty u^\alpha \exp(-u)\,\mathrm{d}u \\
&= \frac{1}{\beta\Gamma(\alpha)} \left( u^\alpha \exp(-u) \Big|_0^\infty + \alpha \int_0^\infty u^{\alpha-1} \mathrm{e}^{-u}\,\mathrm{d}u \right)
\end{aligned}
$$

$$= \alpha/\beta$$

单位时间退化量的二阶矩为

$$E\big[X^2(1)\big] = \int_0^\infty x^2 f_X(x;\alpha,\beta)\,\mathrm{d}x$$

$$= \frac{1}{\beta^2\Gamma(\alpha)}\int_0^\infty (\beta x)^{\alpha+1}\exp(-\beta x)\,\mathrm{d}\beta x$$

$$\overset{u=\beta x}{=} \frac{1}{\beta^2\Gamma(\alpha)}\int_0^\infty u^{\alpha+1}\exp(-u)\,\mathrm{d}u$$

$$= \frac{1}{\beta^2\Gamma(\alpha)}\left(u^{\alpha+1}\exp(-u)\Big|_0^\infty + (\alpha+1)\int_0^\infty u^\alpha\exp(-u)\,\mathrm{d}u\right)$$

$$= \frac{\alpha(\alpha+1)}{\beta^2}$$

进而可以得到 $\mathrm{Var}[X(1)] = E[X^2(1)] - E^2[X(1)] = \alpha/\beta^2$。依据 Gamma 过程的齐次独立增量性质可以得到

$$E[X(t)] = \alpha t/\beta \tag{2-2}$$

$$\mathrm{Var}[X(t)] = \alpha t/\beta^2 \tag{2-3}$$

$X(t)$ 的变异系数为

$$\mathrm{COV}[X(t)] = \frac{\sqrt{\mathrm{Var}[X(t)]}}{E[X(t)]} = \frac{1}{\sqrt{\alpha t}}$$

在式(2-1)的基础上可以得到 $X(t)$ 的密度函数为

$$f_{X(t)}(x;\alpha t,\beta) = \frac{x^{\alpha t-1}}{\Gamma(\alpha t)}\beta^{\alpha t}\exp(-\beta x)I_{(0,\infty)}(x)$$

记 $\mu = \dfrac{\alpha}{\beta}$，$\nu = \dfrac{1}{\sqrt{\alpha}}$，$f_{X(t)}(x;\alpha t,\beta)$ 可以表示为

$$f_{X(t)}\left(x;\frac{t}{\nu^2},\frac{1}{\mu\nu^2}\right) = \frac{x^{t/\nu^2-1}}{\Gamma(t/\nu^2)}\left(\frac{1}{\mu\nu^2}\right)^{t/\nu^2}\exp\left(-\frac{x}{\mu\nu^2}\right)I_{(0,\infty)}(x)$$

通过定义可知，Gamma 过程为由服从 Gamma 分布的独立增量组成的非减的随机过程。单调非减的特性使得 Gamma 过程适合描述随时间单调非减的累积退化过程。另外，Gamma 分布的灵活性和便于数学运算的特性，使得 Gamma 过程受到广泛关注，并广泛应用于退化过程建模，包括材料的磨损、腐蚀、侵蚀和裂纹等。

**3. 寿命分布**

对于性能退化型设备，随机退化量累积达到某一阈值的时间，即首达时间，可以用于描述系统的故障到达时间。定义当设备的累积退化量达到阈值 $L(L>0)$时，设备发生故障，$L$ 为系统的故障阈值。设备的寿命 $T$ 一般定义为设备的性

能退化量首次达到 $L$ 的时间,即
$$T = \inf\{t \mid X(t) \geqslant L, t \geqslant 0\}。$$

设备寿命 $T$ 的分布函数为
$$F(t) = \mathrm{P}(T \leqslant t) = \mathrm{P}(X(t) \geqslant L) = \int_L^\infty f_{X(t)}(x)\,\mathrm{d}x = \frac{\Gamma(\alpha t, \beta L)}{\Gamma(\alpha t)} \quad (2-4)$$

式中:$\Gamma(\alpha)$ 为 Gamma 函数,$\Gamma(\alpha) = \int_0^\infty u^{\alpha-1}\mathrm{e}^{-u}\mathrm{d}u$。$\Gamma(\alpha, x)$ 为不完全 Gamma 函数,$\Gamma(\alpha, x) = \int_x^\infty u^{\alpha-1}\mathrm{e}^{-u}\mathrm{d}u, \alpha > 0, x \geqslant 0$。图 2-5 给出了 $\alpha$ 和 $\beta$ 在取不同值下的 Gamma 过程首达时间分布函数 $F(t)$ 的曲线,其中故障阈值 $L = 10$。

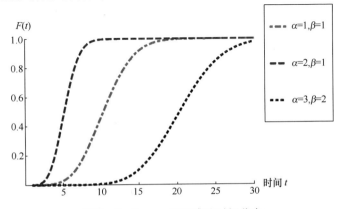

图 2-5　Gamma 过程首达时间分布

设备寿命 $T$ 的概率密度函数为
$$f(t) = \frac{\alpha}{\Gamma(\alpha t)}\int_{\beta L}^\infty (\log(z) - \psi(\alpha t))z^{\alpha t-1}\mathrm{e}^{-z}\mathrm{d}z, t > 0 \quad (2-5)$$

式中:$\psi(a)$ 为对数 Gamma 函数,$\psi(a) = \dfrac{\Gamma'(a)}{\Gamma(a)} = \dfrac{\partial\log\Gamma(a)}{\partial a}, a > 0$。

这里所探讨的 Gamma 过程为平稳 Gamma 过程,由式(2-3)可知平稳 Gamma 过程的期望为线性,但并不是所有的退化过程都具有这种性质,例如环境应力发生改变,导致退化过程为非平稳 Gamma 过程,即期望为非线性。令 $\{Y_{t,1}(t), t \geqslant 0\}$ 表示形状参数为 $1 \times t$,尺度参数为 1 的平稳 Gamma 过程(标准 Gamma 过程),其首次达到阈值 $z$ 的时间记为 $T_{t,1}(z)$。$\{Y_{\Lambda(t),\beta}(t), t \geqslant 0\}$ 表示形状参数为 $\Lambda(t)$,尺度参数为 $\beta$ 的非平稳 Gamma 过程,其首次达到阈值 $z$ 的时间 $T_{\Lambda(t),\beta}(z) = \inf\{t \geqslant 0 \mid Y_{\Lambda(t),\beta} \geqslant z\}$,则有
$$P(T_{\Lambda(t),\beta}(z) \leqslant t) = P(\Lambda^{-1}(T_{t,1}(\beta z)) \leqslant t) = P(T_{t,1}(\beta z) \leqslant \Lambda(t)) \quad (2-6)$$
式中:$\Lambda(t)$ 为单调增连续函数,$\Lambda(0) = 0$,$\Lambda^{-1}$ 表示 $\Lambda$ 的反函数。通过式(2-6)

28

可知，$T_{\Lambda(t),\beta}(z)$ 与 $\Lambda^{-1}(T_{t,1}(\beta z))$ 具有相同的分布，同时建立了非平稳 Gamma 过程的首达时间和标准 Gamma 过程的首达时间之间的转换关系。利用标准 Gamma 过程首达时间的分布可以导出非平稳 Gamma 过程的首达时间分布。

证明：当 $\beta > 0$，$\Lambda(t)$ 为单调增函数时，平稳 Gamma 过程的随机变量存在下列关系：

$$Y_{\Lambda(t),\beta}(t) \overset{\text{dist}}{=} \frac{1}{\beta} Y_{\Lambda(t),1}(t) \overset{\text{dist}}{=} \frac{1}{\beta} Y_{t,1}(\Lambda(t)) \qquad (2-7)$$

式中：$\overset{\text{dist}}{=}$ 表示两边的随机变量具有相同的分布。

依据式(2-7)可得

$$T_{\Lambda(t),\beta}(z) \overset{\text{dist}}{=} \inf\{t \geqslant 0 \mid Y_{t,1}(\Lambda(t)) \geqslant \beta z\}$$

由于 $\Lambda(t)$ 为连续单调递增函数，所以 $\Lambda^{-1}$ 也为连续单调递增函数，有 $\Lambda^{-1}(\Lambda(t)) = t$，进而可得

$$T_{\Lambda(t),\beta}(z) \overset{\text{dist}}{=} \inf\{\Lambda^{-1}(t) \geqslant 0 \mid Y_{t,1}(t) \geqslant \beta z\} = \Lambda^{-1}(\inf\{t \geqslant 0 \mid Y_{t,1}(t) \geqslant \beta z\})$$

故有

$$P(T_{\Lambda(t),\beta}(z) \leqslant t) = P(\Lambda^{-1}(T_{t,1}(\beta z)) \leqslant t) = P(T_{t,1}(\beta z) \leqslant \Lambda(t))$$

假设在设备发生故障前的任一时刻 $d$，设备的退化量为 $X(d) < L$。以时刻 $d$ 为起始点，则设备的剩余寿命(Remaining Useful Life，RUL)为

$$T_{\text{Res}} = \inf\{t \mid X(t+d) \geqslant L, X(d) = x_d, d \geqslant 0\}$$

由 Gamma 过程的独立增量特性可得

$$T_{\text{Res}} = \inf\{t \mid X(t+d) - X(d) \geqslant L - x_d, t \geqslant 0\}$$
$$= \inf\{t \mid X(t) \geqslant L - d\}$$

故剩余寿命 $T_{\text{Res}}$ 的分布函数和概率密度函数分别为

$$F_{\text{Res}}(t) = \frac{\Gamma(\alpha t, \beta(L - x_d))}{\Gamma(\alpha t)} \qquad (2-8)$$

$$f_{\text{Res}}(t) = \frac{\alpha}{\Gamma(\alpha t)} \int_{\beta(L-x_d)}^{\infty} (\log(z) - \psi(\alpha t)) z^{\alpha t - 1} e^{-z} dz \qquad (2-9)$$

注意到只需将式(2-4)和式(2-5)中的失效阈值 $L$ 替换为 $L - X_d$ 就可得到式(2-8)和式(2-9)。剩余寿命的估计值可以用于预测设备的预防性维修活动，因此剩余寿命的分布对于基于状态的维修非常重要。

## 2.3.2 Wiener 过程

Wiener 过程是一种常用的独立增量过程，能够描述多种产品的退化过程。由于 Wiener 过程具有良好的数学计算性质，因而是目前退化建模领域最常用的

模型之一。

### 1. Wiener 过程定义

若$\{X(t):t\geq 0\}$满足:

(1) $X(0) = 0$;

(2) 对任意$0 < t_1 < t_2 < \cdots < t_n$,随机变量$X(t_1) - X(t_0)$,$X(t_2) - X(t_1)$,$\cdots$,$X(t_n) - X(t_{n-1})$为相互统计独立的随机变量,即任意不相交时间段内的退化增量相互独立;

(3) 对任意$t \geq 0$,$\tau > 0$,$X(t + \tau) - X(t) \sim N(\mu\tau, \sigma^2\tau)$。

则称在样本空间$[0, +\infty)$上的连续时间随机过程$\{X(t):t\geq 0\}$为具有漂移参数$\mu$和扩散参数$\sigma > 0$的(平稳)Wiener 过程。

对于具有线性漂移的 Wiener 过程,$X(t)$可以表示为

$$X(t) = \mu t + \sigma W(t) \tag{2-10}$$

式中:$W(t)$为标准布朗运动,$E[W(t)] = 0$,$E[W(t)W(s)] = \min(t,s)$,$W(t) - W(s) \sim N(0, t-s)$,$t \geq s \geq 0$。式(2-10)中:$X(t)$表达式的第一部分为确定函数,表征退化过程的平均趋势;第二部分为随机函数,表征退化过程中的随机变动。

### 2. Wiener 过程性质

Wiener 过程为齐次独立增量过程,服从 Wiener 过程的退化轨迹在$[0, \infty)$中连续的概率为1,且是唯一具有连续样本轨迹的随机过程。服从 Wiener 过程的退化增量与增量之前的退化历史无关,即

$$P(X(t_i) \leq x_i \mid X(t_1) = x_1, X(t_2) = x_2, \cdots, X(t_{i-1}) = x_{i-1})$$
$$= P(X(t_i) \leq x_i \mid X(t_{i-1}) = x_{i-1})$$

式中:$i = 1, 2, \cdots, n$;$0 < t_1 < t_2 < \cdots < t_n$。

Wiener 过程的期望和方差分别为

$$E[X(t)] = \mu t \tag{2-11}$$
$$\text{Var}[X(t)] = \sigma^2 t \tag{2-12}$$

变异系数为

$$\text{COV}[X(t)] = \frac{\sqrt{\text{Var}[X(t)]}}{E[X(t)]} = \frac{\sigma}{\mu\sqrt{t}}$$

当$X(0) = 0$时,$X(t)$的概率密度为

$$\phi(x;t) = \frac{1}{\sqrt{2\pi\sigma^2 t}}\exp\left(-\frac{(x-\mu t)^2}{2\sigma^2 t}\right)$$

依据独立增量的性质可以得到$X(t_1)$,$X(t_2)$,$\cdots$,$X(t_n)$的联合概率密度为

$$f(x_1, x_2, \cdots, x_n) = \phi(x_1;t_1)\phi(x_2 - x_1;t_2 - t_1)\cdots\phi(x_n - x_{n-1};t_n - t_{n-1})$$

布朗运动是由大量分子的连续碰撞造成的。由于碰撞次数很大,依据中心极限定理,可以认为微粒在任一时间段内的位移服从正态分布。同理,若设备在 $\Delta t$ 内的性能退化量是由 $n$ 个独立同分布的微小的性能损失 $\xi_i$ 的累加,$\Delta X = \sum_{i=1}^{n} \xi_i$,且 $n$ 与 $\Delta t$ 成正比,则 $\Delta X$ 服从正态分布且产品的退化过程服从 Wiener 过程。或者说当产品的退化是由许多微小损伤引起的均匀平缓的退化过程,则可考虑采用 Wiener 过程描述设备的性能退化。由于 $\Delta X \sim N(\mu \Delta t, \sigma^2 \Delta t)$,所以 $\Delta X$ 可以大于、等于或小于 0,即 Wiener 过程不是非减过程,这一点与 Gamma 过程不同。但当 $\mu$ 较大,$\sigma$ 较小时,Wiener 随机退化过程可以近似视为单调非减过程。

由式(2-11)可知平稳 Wiener 过程的期望为线性,但并不是所有的退化过程都具有这种性质,例如加速退化过程。如果存在 $v = \Lambda(t)$,$\Lambda$ 为非减函数,则可以得到下面形式的 Wiener 过程:

$$X(\Lambda(t)) = \mu \Lambda(t) + \sigma W(\Lambda(t)) \qquad (2-13)$$

利用 $v$ 替换 $\Lambda(t)$ 可以得到

$$X(v) = \mu v + \sigma W(v) \qquad (2-14)$$

即采用时间变换法可以将非齐次的 Wiener 过程转换为齐次的 Wiener 过程。记 $T_D(z) = \inf\{t \mid D(t) \geq z, t \geq 0\}$,$T_\Lambda(z) = \inf\{t \mid D(\Lambda(t)) \geq z, t \geq 0\}$,则有

$$P(T_\Lambda(z) \leq t) = P(T_D(z) \leq \Lambda(t)) \qquad (2-15)$$

式(2-15)建立了线性漂移 Wiener 过程首达时分布和非线性漂移 Wiener 过程首达时分布的关系。

**3. 寿命分布**

定义当设备的退化量达到阈值 $L(L>0)$ 时设备发生故障,$L$ 为设备的故障阈值。设备的寿命 $T$ 是设备的性能退化量首次达到 $L$ 的时间,即

$$T = \inf\{t \mid X(t) \geq L, t \geq 0\}$$

一般 Wiener 过程的漂移系数 $\mu$ 可以取任意实数,但由于退化型设备最终都会失效,所以为保证 $X(t)$ 最终到达 $L$,这里要求 $\mu > 0$。

定义 Wiener 最大过程 $\{Z(t); t \geq 0\}$,其中 $Z(t) = \sup\{X(r), 0 \leq r \leq t\}$,即 $Z(t)$ 取 $X(r)$ 在 $[0, t]$ 上的最大值。$Z(t)$ 的概率密度函数为

$$g(z, t) = \frac{1}{\sigma \sqrt{2\pi t}} \left( \exp\left( -\frac{(z - \mu t)^2}{2\sigma^2 t} \right) - \exp\left( \frac{2\mu L}{\sigma^2} \right) \exp\left( -\frac{(z - 2L - \mu t)^2}{2\sigma^2 t} \right) \right)$$

则有

$$P(T > t) = \int_{-\infty}^{L} g(z, t) \mathrm{d}z = \Phi\left( \frac{L - \mu t}{\sigma \sqrt{t}} \right) - \exp\left( \frac{2\mu L}{\sigma^2} \right) \Phi\left( \frac{-L - \mu t}{\sigma \sqrt{t}} \right)$$

式中:$\Phi(\cdot)$ 为标准正态累积分布函数。

由式(2-32)可知,$T$ 服从逆高斯分布,其分布函数和密度函数分别为

$$F_W(t) = 1 - P(T > t) = \Phi\left(\frac{\mu t - L}{\sigma \sqrt{t}}\right) + \exp\left(\frac{2\mu L}{\sigma^2}\right)\Phi\left(\frac{-L - \mu t}{\sigma \sqrt{t}}\right) \quad (2-16)$$

$$f_W(t) = \frac{L}{\sqrt{2\pi\sigma^2 t^3}}\exp\left(-\frac{(L - \mu t)^2}{2\sigma^2 t}\right) \quad (2-17)$$

图 2-6 所示为失效阈值为 $L = 10$ 时,逆高斯分布密度函数对应不同参数 ($\mu$ 和 $\sigma$) 下的曲线示意图。

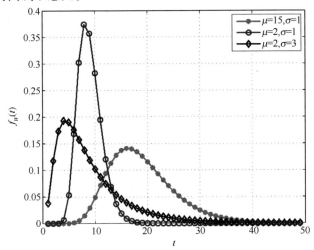

图 2-6　逆高斯分布密度函数曲线图

设备寿命 $T$ 的期望和方差分别为

$$E[T] = \frac{L}{\mu}$$

$$\text{Var}[T] = \frac{L\sigma^2}{\mu^3}$$

令 $a = \dfrac{L}{\mu}, b = \dfrac{L^2}{\sigma^2}$,则(2-34)的形式变为

$$f_w(t) = \sqrt{\frac{b}{2\pi t^3}}\exp\left(-\frac{b(t - a)^2}{2a^2 t}\right)$$

即设备寿命 $T$ 服从由参数 $a$ 和 $b$ 决定的逆高斯分布。为了分析的方便,这里采用式(2-16)和式(2-17)形式的分布函数和密度函数。

对于服从 Wiener 过程的设备,在设备发生故障前的任一时刻 $r$,设备的退化量为 $x_r < L$。以时刻 $r$ 为起始点,则设备的剩余寿命为

$$T_{Res} = \inf\{t \mid X(t + r) \geqslant L, X(r) = x_r, r \geqslant 0\}$$

由 Wiener 过程的独立增量特性可得

$$T_{\text{Res}} = \inf\{t \mid X(t+r) - X(r) \geq L-r, t \geq 0\}$$
$$= \inf\{t \mid X(t) \geq L-r, t \geq 0\}$$

故剩余寿命 $T_{\text{Res}}$ 也服从逆高斯分布,其分布函数和概率密度函数分别为

$$F_{\text{Res}}(t) = \Phi\left(\frac{\mu t - (L-x_r)}{\sigma\sqrt{t}}\right) + \exp\left(\frac{2\mu(L-x_r)}{\sigma^2}\right)\Phi\left(\frac{-(L-x_r)-\mu t}{\sigma\sqrt{t}}\right)$$

$$(2-18)$$

$$f_{\text{Res}}(t) = \frac{(L-x_r)}{\sqrt{2\pi\sigma^2 t^3}}\exp\left(-\frac{((L-x_r)-\mu t)^2}{2\sigma^2 t}\right) \qquad (2-19)$$

注意到只需将式(2-16)和式(2-17)中的失效阈值 $L$ 替换为 $L-r$ 就可得到式(2-18)和式(2-19)。

### 2.3.3 Gamma 过程与 Wiener 过程的比较

Gamma 过程与 Wiener 过程主要的不同之处在于 Gamma 过程为单调非减随机过程,而 Wiener 过程有增有减。Abdel-Hameed 最先提出利用 Gamma 过程描述单调非减随机退化现象,描述与时间相关的累积损伤过程。由于与 Gamma 过程相关的计算多涉及 Gamma 分布,其计算较复杂。Gamma 过程为跳跃过程,即在任何有限时间区间内设备退化量都是由无穷多的服从 Gamma 分布的跳跃组成的。与 Gamma 过程不同,Wiener 过程的样本轨迹具有连续特性,且首达时间分布函数和密度函数是基于正态分布的,使其计算较为方便。

当 $\sqrt{\alpha} \gg 1$ 时,利用中心极限定理可得 Gamma 退化型系统的寿命分布的近似表达式为

$$F_G(t) \approx \Phi\left(\frac{\alpha t/\beta - L}{\sqrt{\alpha}/\beta\sqrt{t}}\right)$$

Wiener 过程故障首达时分布公式(2-16)由两部分相加组成:第一部分表示在时刻 $t$ 系统的退化量超过 $L$ 的概率;第二部分表示系统的退化量在时刻 $t$ 前超过 $L$,在时刻 $t$ 退化量值低于 $L$ 的概率。当 $\mu \gg \sigma$ 时,第二部分的概率非常小,可以忽略,则有下面的近似关系成立:

$$F_W(t) \approx \Phi\left(\frac{\mu t - L}{\sigma\sqrt{t}}\right)$$

当 Gamma 过程与 Wiener 过程的参数具有下列关系时

$$\begin{cases} \mu = \alpha/\beta \\ \sigma = \sqrt{\alpha}/\beta \end{cases}$$

可以得到

$$F_W(t) \approx \Phi\left(\frac{\mu t - L}{\sigma \sqrt{t}}\right) \approx F_G(t)$$

# 本 章 小 结

 本章通过归纳和总结,给出了维修决策中复杂设备的涵义及其特征,分析了复杂设备维修间隔期的决策需求,为下一步决策模型的建立指明了研究方向。同时,为了后续工作的顺利开展,对复杂设备维修间隔期建模所需的基础理论与定量化分析方法做了简单介绍。

# 第3章 基于平稳独立增量过程的设备视情维修间隔期优化模型

目前视情维修多以周期检测为主,而周期检测的方法有时难以对设备的状态变化及时做出响应,可能导致检测不足,进而导致设备故障发生。另外,设备在检测过程中往往会存在测量误差,从而增加了退化过程的不确定性。为了确保设备安全可靠运行,本章将首先研究基于平稳独立增量过程的完全检测下的非周期检测维修优化问题,并在此基础上进一步考虑不完全检测和安全约束对维修决策的影响。

## 3.1 不考虑检测误差的非周期检测维修优化方法

依据设备的检测状态决定下一维修时机的非周期检测方法能够有效应对设备退化过程的动态变化,下面将探讨完全检测下的非周期检测维修优化方法。

### 3.1.1 模型假设

**假设 1**:设备的退化规律可以用平稳 Gamma 过程进行描述。记 $t$ 时刻设备的退化水平为 $X(t)$,且满足以下条件:

(1)初始时刻 $t=0$,$X(0)=0$,部件处于完好工作状态;

(2)任意不重合时间段内的退化增量非负且相互独立,对任意 $0 \leqslant t_1 < t_2$,$X(t_2) - X(t_1) \sim Ga(\alpha(t_2 - t_1), \beta)$。

**假设 2**:当设备的退化水平达到故障阈值 $L(L>0)$ 时,设备发生故障。故障时间定义为 $T_f = \inf\{t \in R^+ : X(t) \geqslant L\}$。这里设备发生故障后可能会继续运行,但设备的功能状态已无法满足使用要求。这里的 $L$ 是固定值,可以根据设计要求和安全约束等得到。

**假设 3**:由于检测费用或检测手段的限制,设备的检测方式为离散检测且设备的状态只能通过检测获得,检测结果不存在误差。

**假设 4**:相对于设备的长寿命周期,检测、修理或更换等维修活动占用的时间可以忽略不计。

### 3.1.2 非周期检测

设备第 $i$ 次检测时刻为 $T_i$，$i=1,2,\cdots$，设备初始运行时刻记为 $T_0=0$。设备的检测间隔依据设备的退化水平进行动态调整，前一检测时刻的状态决定后续检测间隔。这里采用检测规划函数确定非周期检测的时间，检测规划函数是基于当前检测状态对设备的下一检测时刻进行规划的函数。

假设设备在 $T_i$ 时状态为 $X(T_i)$，依据检测函数，设备的下一检测时间为

$$T_{i+1}=T_i+\Delta T=T_i+m(X(T_i))$$

式中：$m(x)$ 为检测规划函数。

为适应不同退化规律的设备的需要，这里给出三种形式的检测规划函数（线型、凹型和凸型检测规划函数）：

线性函数 $m_1(x)$：

$$m_1(x)=\max\left\{1,A-\frac{A-1}{B}x\right\}$$

凹函数 $m_2(x)$：

$$m_2(x)=\begin{cases}1+\dfrac{(x-B)^2}{B^2}(A-1), & 0\leqslant x<B\\[2mm]1, & x\geqslant B\end{cases}$$

凸函数 $m_3(x)$：

$$m_3(x)=\begin{cases}A-\left(\dfrac{\sqrt{A-1}}{B}x\right)^2, & 0\leqslant x<B\\[2mm]1, & x\geqslant B\end{cases}$$

式中：$A>1$；$B>0$。可以看出当 $A=1$ 时，非周期检测变为周期检测，且检测间隔为 $\Delta T=1$。因此，周期检测为上述非周期检测的特例。由 $m_j(0)=A$，$j=1,2,3$，可知 $A$ 等于第一个检测间隔的长度。参数 $B$ 控制检测的频率，当 $X(T_i)>B$ 时，$m_i(X(T_i))=1$。这里将最小检测周期进行归一化后得到检测规划函数的示意图，如图 $3-1$ 所示。

对比 $m_2$ 和 $m_3$ 发现，$m_2$ 对应的检测间隔随着设备的退化水平下降较快，初始检测间隔较小；而 $m_3$ 对应的检测间隔随着设备的退化水平下降较缓慢，初始检测间隔较大。因此，$m_2$ 可以用于早期退化速率较大的设备（如存在早期故障设备），$m_3$ 可用于早期退化较为缓慢的设备。

### 3.1.3 维修策略

每次检测后，依据设备的退化水平决策进行何种维修活动，维修策略如下：

36

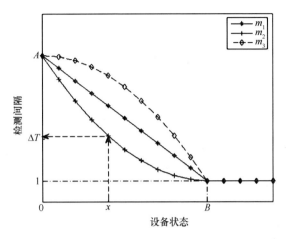

图 3-1  检测规划函数示意图

（1）若 $T_i$ 时刻检测得到的设备状态 $X(T_i) < L_a$，则设备继续保持运行，并依据当前检测状态 $X(T_i)$ 确定下一次检测时刻 $T_{i+1}$，每次检测的费用为 $C_I$。其中，$L_a$ 为预防性维修阈值，是非周期检测维修的决策变量。

（2）若 $L_a \leqslant X(T_i) < L$，对设备进行预防性维修或更换（PM）。维修后设备的状态修复如新，且设备的检测时间重新从 0 开始计算。每次 PM 的费用为 $C_P$。

（3）若 $X(T_i) \geqslant L$，设备发生故障，对设备进行修复性维修或更换（CM）。CM 使设备修复如新。每次 CM 的费用为 $C_C$。

（4）若 $X(T_{i-1}) < L_a, X(T_i) \geqslant L$，在进行 CM 之前，设备将会有一段时间 $d(t)$ 处于故障状态。设备处于故障状态时单位时间的损失费用为 $C_d$。

（5）维修费用满足 $C_I < C_P < C_C < C_d$。

图 3-2 所示为在非周期检测维修策略下的设备的退化和维修过程示意图。其中 $S_i, i = 1, 2, \cdots$，表示设备的更新周期长度。

### 3.1.4  优化模型

这里以最小化设备长时间运行的期望费用率为优化目标，求解预防性维修阈值 $L_a$ 和检测规划函数的参数 $A$、$B$ 的值。下面给出两种优化模型的建模方法。

**1. 更新过程方法**

依据非周期检测维修策略可知，预防性更换和修复性更换都会使设备更新，每个更新周期记为 $S_i, i = 1, 2, \cdots$，如图 3-2 所示。更新过后，设备将来的退化过程与更新之前的设备退化过程历史无关。因此，该维修策略下的设备的状态演化过程 $\{X(T_k), k \geqslant 0\}$ 为更新过程。更新点为预防性更换或修复性更换的时间点，如图 3-2 所示的 $T_2$ 和 $T_5$ 时刻。依据更新定理，设备长期（无限长时间）

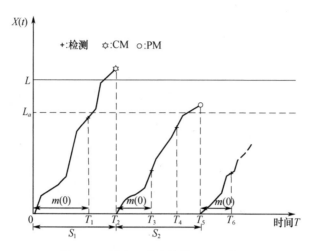

图 3 - 2　设备退化和维修过程示意图

运行下的期望费用率计算可以转化为一个更新周期的期望费用率计算。

依据维修策略得到一个更新周期 $S$ 的维修费用为

$$V(S) = \sum_{j=1}^{\infty} (jC_I + C_P) I_{\{X(T_{j-1}) < L_a \leq X(T_j) < L\}} +$$

$$\sum_{j=1}^{\infty} \left( C_C + jC_I + C_d \int_{T_{j-1}}^{T_j} (T_j - t) \, \mathrm{d}F(t) \right) I_{\{X(T_{j-1}) < L_a, X(T_j) \geq L\}}$$

$$(3-1)$$

式中:$I_{\{\text{Event}\}}$ 为示性函数,当 Event 为真时 $I_{\{\text{Event}\}} = 1$,否则 $I_{\{\text{Event}\}} = 0$;$F(t)$ 为 Gamma 退化型设备的寿命分布函数,$F(t) = \int_L^{\infty} f_{\alpha t, \beta}(x) \, \mathrm{d}x = \dfrac{\Gamma(\alpha t, \beta L)}{\Gamma(\alpha t)}$。

设备更新周期 $S$ 的时间长度为

$$\Psi(S) = \sum_{j=1}^{n} T_j I_{\{X(T_{j-1}) < L_a \leq X(T_j) < L\}} + \sum_{j=1}^{n} T_j I_{\{X(T_{j-1}) < L_a, X(T_j) \geq L\}} \quad (3-2)$$

依据更新报酬定理,设备长期运行期望费用率为

$$C_{\text{aver}}(L_a, A, B) = \lim_{t \to \infty} E\left[ \frac{C(t)}{t} \right] = \frac{E[V(S)]}{E[\Psi(S)]} \quad (3-3)$$

式中:$C(t)$ 为设备在 $t$ 时间内的总维修费用。

为计算式(3-3),需要计算式(3-1)和式(3-2)的期望。

记

$$P_M(j) = E[I_{\{X(T_{j-1}) < L_a \leq X(T_j) < L\}}] = P(X(T_{j-1}) < L_a, L_a \leq X(T_j) < L)$$

$$P_C(j) = E[I_{\{X(T_{j-1}) < L_a, X(T_j) \geq L\}}] = P(X(T_{j-1}) < L_a, X(T_j) \geq L)$$

当 $j=1$ 时,有

$$P_M(1) = P(L_a \leqslant X(T_1) < L) = F_{\alpha m(0),\beta}(L_a) - F_{\alpha m(0),\beta}(L) \quad (3-4)$$

$$P_C(1) = P(X(T_1) \geqslant L) = F_{\alpha m(0),\beta}(L) \quad (3-5)$$

当 $j \geqslant 2$ 时,有

$$
\begin{aligned}
P_M(j) &= P(X(T_{j-1}) < L_a \leqslant X(T_j) < L) \\
&= P(X(T_{j-1}) < L_a, L_a - X(T_{j-1}) \leqslant X(T_j) - X(T_{j-1}) < L - X(T_{j-1})) \\
&= \int_0^{L_a} f_{\alpha T_{j-1},\beta}(x)(F_{\alpha m(X(T_{j-1})),\beta}(L_a - x) - F_{\alpha m(X(T_{j-1})),\beta}(L - x))\,\mathrm{d}x \quad (3-6)
\end{aligned}
$$

$$
\begin{aligned}
P_C(j) &= P(X(T_{j-1}) < L_a, X(T_j) \geqslant L) \\
&= P(X(T_{j-1}) < L_a, X(T_j) - X(T_{j-1}) \geqslant L - X(T_{j-1})) \\
&= \int_0^{L_a} f_{\alpha T_{j-1},\beta}(x)F_{\alpha m(X(T_{j-1})),\beta}(L - x)\,\mathrm{d}x \quad (3-7)
\end{aligned}
$$

式中:$f_{\alpha T_{j-1},\beta}(\,\cdot\,)$ 为 $\mathrm{Ga}(\,\cdot\,,\alpha T_{j-1},\beta)$ 的概率密度函数;$F_{\alpha m(x),\beta}(y) = \int_y^{\infty} f_{\alpha m(x),\beta}(s)\,\mathrm{d}s$。

依据式(3-4)~式(3-7)可得更新周期内的期望费用为

$$
\begin{aligned}
E[V(S)] &= \sum_{j=1}^{\infty}(jC_I + C_P)P_M(j) + \sum_{j=1}^{\infty}\left(C_C + jC_I + C_d\int_{T_{j-1}}^{T_j}(T_j - t)\,\mathrm{d}F(t)\right)P_C(j) \\
&= (C_I + C_P)P_M(1) + \left(C_I + C_C + C_d\int_0^{m(0)}(m(0) - t)\,\mathrm{d}F(t)\right)P_C(1) + \\
&\quad \sum_{j=2}^{\infty}(jC_I + C_P)P_M(j) + \sum_{j=2}^{\infty}\left(C_C + jC_I + C_d\int_{T_{j-1}}^{T_j}(T_j - t)\,\mathrm{d}F(t)\right)P_C(j) \\
&= (C_I + C_P)F_{\alpha m(0),\beta}(L_a) + (C_C - C_P)F_{\alpha m(0),\beta}(L) + \\
&\quad C_d F_{\alpha m(0),\beta}(L)\int_0^{m(0)}(m(0) - t)\,\mathrm{d}F(t) + \\
&\quad \sum_{j=2}^{\infty}(jC_I + C_P)\int_0^{L_a} f_{\alpha T_{j-1},\beta}(x)F_{\alpha m(X(T_{j-1})),\beta}(L_a - x)\,\mathrm{d}x + \\
&\quad \sum_{j=2}^{\infty}(C_C - C_P)\int_0^{L_a} f_{\alpha T_{j-1},\beta}(x)F_{\alpha m(X(T_{j-1})),\beta}(L - x)\,\mathrm{d}x +
\end{aligned}
$$

$$\sum_{j=2}^{\infty} C_d \left( \int_0^{L_a} f_{\alpha T_{j-1},\beta}(x) F_{\alpha m(X(T_{j-1})),\beta}(L-x)\,\mathrm{d}x \right) \left( \int_{T_{j-1}}^{T_j} (T_f - t)\,\mathrm{d}F(t) \right)$$

$$(3-8)$$

更新周期的期望时间长度为

$$E\left[ \Psi(S) \right] = \sum_{j=1}^{\infty} T_j P_M(j) + \sum_{j=1}^{\infty} T_j P_C(j)$$

$$= m(0) F_{\alpha m(0),\beta}(L_a) + \sum_{j=1}^{\infty} T_j \int_0^{L_a} f_{\alpha T_{j-1},\beta}(x) F_{\alpha m(X(T_{j-1})),\beta}(L_a - x)\,\mathrm{d}x$$

$$(3-9)$$

将式(3-8)和式(3-9)代入式(3-3)可以得到设备长期运行的期望费用率。通过优化计算可以得到维修决策变量 $L_a$ 和检测规划函数 $m(x)$ 的参数 $A$、$B$ 的最优值 $\{L_a^*, A^*, B^*\}$，使得

$$C_{\mathrm{aver}}(L_a^*, A^*, B^*) = \mathrm{Min}\left[ C_{\mathrm{aver}}(L_a, A, B), L_a > 0, A > 1, B > 0 \right] \quad (3-10)$$

由于该方法涉及后续检测周期和极限求和,该方法难以进行计算。下面给出另外一种优化建模方法。

**2. 半再生过程方法**

非周期检测设备经过检测后,设备将来的状态变迁只与检测时刻的设备状态 $x_M$ 相关。如图3-2所示,检测时刻 $T_1$ 后的设备状态演化只与 $X(T_1)$ 相关。综上,在已知 $x_M$ 的条件下,设备的下一次维修活动以及到下一次维修活动之前的设备退化过程都与 $x_M$ 之前的历史状态无关。所以,$\{X(t), t \geq 0\}$ 为半再生过程(Semi-Regenerative Process)或马尔可夫再生过程(Markov Regenerative Process),半再生时刻为检测时刻 $T_k$。

1) 定义

若跳跃过程 $\{X(t): t \geq 0\}$ 在状态空间 $\Xi$ 中内嵌马尔可夫更新过程 $\{Y_n, T_n\}$,$Y_n = X(T_n), T_0 = 0, T_{n+1} > T_n$,满足

$$P(Y_{n+1} = \xi_{n+1}, T_{n+1} - T_n \leq t \mid Y_n = \xi_n, T_n, Y_{n-1}, T_{n-1}, \cdots, Y_0, T_0)$$

$$= P(Y_{n+1} = \xi_{n+1}, T_{n+1} - T_n \leq t \mid Y_n = \xi_n)$$

$$= P(Y_1 = \xi_{n+1}, T_1 - T_0 \leq t \mid Y_0 = \xi_n)$$

则称 $\{X(t): t \geq 0\}$ 为半再生过程。

2) 性质

依据半再生过程的定义可知非周期检测下的 Gamma 退化过程 $\{X(t): t \geq 0\}$ 为半再生过程。内嵌 $\{Y_n\}$ 过程为 $[0, L_a]$ 连续空间上的马尔可夫链,其状态转移概率为

40

$$P(\mathrm{d}y \mid x) = \overline{F}_{\alpha m(x),\beta}(L_a - x)\delta_0(\mathrm{d}y) + f_{\alpha m(x),\beta}(y - x)I_{|x \leqslant y < L_a|}\,\mathrm{d}y \quad (3-11)$$

式中：$\delta_0(\mathrm{d}y)$ 为 Dirac 函数，$\delta_0(\mathrm{d}y) = \begin{cases} 1, 0 \in \mathrm{d}y \\ 0, 其他 \end{cases}$；$f_{\alpha m(x),\beta}(\cdot)$ 是 Gamma 分布的密度函数，参数分别为 $m(x)$ 和 $\beta$；$\overline{F}_{\alpha m(x),\beta}(y) = \int_y^\infty f_{\alpha m(x),\beta}(u)\,\mathrm{d}u$。式（3-11）等号右边第一项表示检测过后设备能够以非 0 的概率回到初始状态 0，第二项表示初始状态 $x$ 在 $L_a$ 以下，经过一个检测周期后，设备在下一检测时刻的状态 $y$ 仍处于 $L_a$ 以下的概率。

由于 $Y(0) = 0$ 是 $\{Y_n, n = 1, 2, \cdots\}$ 的 Harris 正常返态（设备的更新周期有限），所以 $\{Y_n\}$ 有不变分布 $\pi$ 且满足

$$\pi(\cdot) = \int_0^{L_a} P(\cdot \mid x)\pi(\mathrm{d}x) \quad (3-12)$$

式中：$P(\cdot \mid x)$ 为已知初始状态为 $x$ 条件下的 $\{Y_n\}$ 状态转移概率。

式（3-12）的解可以表示为

$$\pi(\mathrm{d}x) = a'\delta_0(\mathrm{d}x) + (1 - a')b'(x)\mathrm{d}x \quad (3-13)$$

式中：$0 < a' < 1$；$b'(y)$ 为 $[0, L_a)$ 上的密度函数。

将式（3-11）和式（3-13）代入式（3-12），得

$$a' = a'F_{\alpha m(0),\beta}(L_a) + (1 - a')\int_0^{L_a} b'(x)F_{\alpha m(x),\beta}(L_a - x)\,\mathrm{d}x \quad (3-14)$$

$$b'(y) = \frac{a'}{1 - a}f_{\alpha m(0),\beta}(y) + \int_0^y b'(x)f_{\alpha m(x),\beta}(y - x)\mathrm{d}x, 0 \leqslant y < L_a$$
$$(3-15)$$

令 $B(y) = \dfrac{1 - a'}{a'}b(y)$，则式（3-15）可以表示为

$$B(y) = f_{\alpha m(0),\beta}(y) + \int_0^y B(x)f_{\alpha m(x)\beta}(y - x)\mathrm{d}x \quad (3-16)$$

可知式（3-16）为 Volterra 方程，可以通过迭代算法进行求解。

利用 $\int_0^{L_a} b'(y)\mathrm{d}y = 1$ 和 $B(y) = \dfrac{1 - a'}{a'}b(y)$，可得

$$a' = \frac{1}{1 + \displaystyle\int_0^{L_a} B(x)\mathrm{d}x}$$

$$b'(y) = \frac{a'}{1-a'} B(y)$$

通过上述求解公式,可以获得半再生过程的不变分布,依据半再生过程的收敛性质,式(3-3)可以表示为

$$
\begin{aligned}
C_{\text{aver}}(L_a, A, B) &= \frac{E_\pi[C(T_1)]}{E_\pi[T_1]} = \\
&\frac{C_I E_\pi[N_I(T_1)]}{E_\pi[T_1]} + \frac{C_P E_\pi[N_P(T_1)]}{E_\pi[T_1]} + \frac{C_C E_\pi[N_C(T_1)]}{E_\pi[T_1]} + \\
&\frac{C_d E_\pi[d(T_1)]}{E_\pi[T_1]}
\end{aligned}
\tag{3-17}
$$

式中:$E_\pi[N_I(T_1)]$、$E_\pi[N_P(T_1)]$、$E_\pi[N_C(T_1)]$、$E_\pi[d(T_1)]$、$E_\pi[T_1]$分别表示第一个检测间隔$[0, T_1]$内的期望检测次数、期望预防性维修次数、期望修复性维修次数、期望故障延迟时间和半再生周期的期望时长。$E_\pi$表示不变分布$\pi$下的期望。

**证明:**设随机变量$K(t)$为半再生过程$\{X(t)\}_{t\geqslant 0}$的求和函数$K(t) = Y(X(t))$,具有如下性质:$K(t) = Y(X(s), 0 \leqslant s \leqslant t) \geqslant 0, K(0) = 0; \forall 0 \leqslant h \leqslant t$, $K(t) - K(h) = Y_{t-h}(X(u), h \leqslant u \leqslant t)$。

记$S_1$为$\{X(t)\}_{t\geqslant 0}$过程的第一次更新时刻,依据半再生过程和更新过程的收敛性可得

$$\lim_{t\to\infty} E\left[\frac{K(t)}{t}\right] = \frac{E[K(S_1)]}{E[S_1]} = \frac{E_\pi[K(T_1)]}{E_\pi[T_1]} \tag{3-18}$$

将$N_I(t)$、$N_P(t)$、$N_C(t)$和$d(t)$分别代替$K(t)$,进而得到式(3-17)

利用半再生过程的性质,将更新周期的费用率变换为一个半再生周期内的费用率,从而有效简化长期运行期望费用率的计算。下面对式(3-17)中的各个期望进行计算:

$$E_\pi[N_I(T_1)] = 1 \tag{3-19}$$

$$
\begin{aligned}
E_\pi[N_P(T_1)] &= P_\pi(L_a \leqslant X(T_1) < L) \\
&= \int_0^{L_a} (F_{\alpha m(x), \beta}(L_a - x) - F_{\alpha m(x), \beta}(L - x)) \pi(\mathrm{d}x)
\end{aligned}
\tag{3-20}
$$

$$E_\pi[N_C(T_1)] = P_\pi(X(T_1) \geqslant L) = \int_0^{L_a} F_{\alpha m(x), \beta}(L_a - x)\pi(\mathrm{d}x) \tag{3-21}$$

$$E_\pi[d(T_1)] = \int_0^{L_a} \left( \int_0^{m(x)} F_{\alpha s, \beta}(L - x)\mathrm{d}s \right) \pi(\mathrm{d}x) \tag{3-22}$$

42

$$E[T_1] = \int_0^{L_a} m(x)\boldsymbol{\pi}(\mathrm{d}x) \qquad (3-23)$$

通过式(3-17)、式(3-19)~式(3-23)可以获得设备长期运行的期望费用率,而后利用数值计算方法,在$L_a$、$A$、$B$的取值范围内可以得到目标函数(3-10)最优值对应的最优解$\{L_a^*, A^*, B^*\}$。

**3. 算例**

压力管道是核能、化工以及航天等领域的一种常见设备,而且在这些应用领域往往起着关键的安全作用,若管道发生破裂将导致严重事故,如核电站中的燃料加注管道,若其发生故障将导致核泄漏;化工冶炼厂的管道破裂可能导致环境污染等。受液体侵蚀及大气腐蚀等的影响,压力管道的管道壁会逐渐变薄,当壁厚低于某一阈值时,管道将可能发生破裂。经对管道壁厚的测量数据分析,测量数据具有随时间累积增长的趋势,Gamma过程是描述压力管道壁腐蚀的有效工具。以压力管道的管头为研究对象,相关设计信息和检测信息如表3-1所列。

表3-1 压力管设计信息和测量数据

| 编号 | 402E | 毒性 | 无 |
|---|---|---|---|
| 设计压力 | $3.52\text{kg/cm}^2$ | 压力是否释放 | 无 |
| 设计温度 | 229.4℃ | 管头材料 | A-285-C |
| 传输物质 | 蜡(溶剂) | 最大允许腐蚀量 | 3.2mm |
| 检测间隔 | 2002.11.12—2004.12.18 | 腐蚀速度 | 0.3259(mm/年) |

通过表3-1,可知压力管头的故障阈值$L = 3.2\text{mm}$。由于文献只给出了管道402E在一次检测间隔2.1年内的退化速度,为了确定Gamma退化过程的参数,这里选择相同检测间隔期长度的类似管头的退化速率作为402E的可能样本,如表3-2所列。

表3-2 管头的腐蚀速率(mm/年)

| 编号 | F403 | F407 | F412 | F503 | F509 |
|---|---|---|---|---|---|
| 腐蚀速率 | 0.2508 | 0.0 | 0.4348 | | 0.0 |
| 编号 | F704 | F818 | F836 | F518 | F519 |
| 腐蚀速率 | 0.1574 | 0.0254 | 0.0039 | 0.0087 | 0.0318 |

依据402E的退化速率和表3-2中的402E的退化速率类似样本,可以得到Gamma退化过程参数估计为$\hat{\alpha} = 0.29$,$\hat{\beta} = 2.43$。这里取维修费用参数分别为$C_I = 25$,$C_P = 50$,$C_C = 200$,$C_d = 400$,利用半再生过程性质得到的优化模型,通过数值计算可以得到非周期检测的最优解。

图 3 – 3 所示为预防性维修阈值 $L_a = 0.8$ 时,完全检测下,$m_1(x)$ 对应的期望费用率等高线图,最优结果为图中" * "表示最优值的位置。

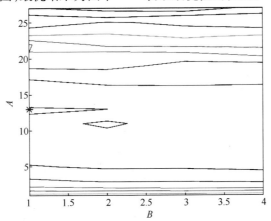

图 3 – 3　完全检测下,$m_1(x)$ 对应的期望费用率等高线图($L_a = 0.8$)

图 3 – 4 所示为预防性维修阈值 $L_a = 1$ 时,完全检测下,$m_2(x)$ 对应的期望费用率等高线图。

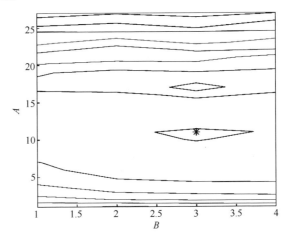

图 3 – 4　完全检测下,$m_2(x)$ 对应的期望费用率等高线图($L_a = 1$)

图 3 – 5 所示为预防性维修阈值 $L_a = 1$ 时,完全检测下,$m_3(x)$ 对应的期望费用率等高线图。

不含测量误差的情况下,通过优化模型计算可以分别得到检测规划函数分别为 $m_1(x)$、$m_2(x)$、$m_3(x)$ 时的最优结果,如表 3 – 4 所列。

通过对比分析发现,检测规划函数 $m_1(x)$ 对应的期望费用率最低。因此,在

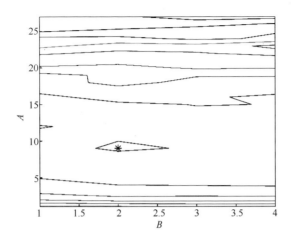

图 3-5　完全检测下，$m_3(x)$ 对应的期望费用率等高线图（$L_a=1$）

不含测量误差的情况下，这里选用线性函数 $m_1(x)$ 作为 Gamma 退化型系统的检测规划函数，这也正好符合 Gamma 退化过程的期望退化量为时间的线性函数的特点。

表 3-3　不含测量误差时最优计算结果

|  | $L_a^*$ | $A^*$ | $B^*$ | $C_{aver}^*$ |
|---|---|---|---|---|
| $m_1(x)$ | 0.8 | 13 | 1 | 9.47 |
| $m_2(x)$ | 1 | 11 | 3 | 9.63 |
| $m_3(x)$ | 1 | 9 | 2 | 9.57 |

## 3.2　考虑检测误差的非周期检测维修优化方法

在对设备的退化状态进行检测的过程中，由于测量工具的精度以及检测人员的操作水平等的影响，在检测过程中会引入测量误差，造成不完全检测。若忽略测量误差可能会造成严重后果。因此，有必要在维修优化过程中考虑测量误差，使维修决策更加科学合理。

### 3.2.1　检测误差

假设系统在 $t$ 时刻的性能状态测量值为 $Z(t)$，该值包括系统实际的退化量 $X(t)$ 和服从正态分布的测量误差 $\varepsilon$，有

$$Z(t) = X(t) + \varepsilon, \varepsilon \sim N(0, \sigma_\varepsilon^2)$$

则测量值 $Z(t)$ 的密度函数可以表示为

$$\tilde{f}_{\alpha t,\beta}(z) = \int_{-\infty}^{\infty} f_{\alpha t,\beta}(z-\varepsilon)f_E(\varepsilon)\mathrm{d}\varepsilon$$

式中: $f_E(\varepsilon)$ 是 $\varepsilon$ 的密度函数。

### 3.2.2 检测状态演化

在检测时刻 $T_i$, 记设备的检测状态为 $\tilde{Y}(T_i) = X(T_i) + \varepsilon$, 且 $\tilde{Y}(0) = 0$。

$\tilde{Y}(T_i)_{(i=1,2,\cdots)}$ 表示检测状态的演化过程。假设测量误差之间相互独立, 则设备的检测状态演化过程只与当前的检测状态相关, 而与过去的历史无关。依据半再生过程定义, 可知 $\{\tilde{Y}(T_i),T_i\}_{(i=1,2,\cdots)}$ 为马尔可夫更新过程, 则 $\{Z(t),t\geq 0\}$ 为半再生过程。

若当前检测状态为 $z$, 则 $\tilde{Y}(T_i)_{(i=1,2,\cdots)}$ 的状态转移概率为

$$P(\mathrm{d}\tilde{y}\mid z) = \overline{F}_{\alpha m(z),\beta}(L_a - z)\delta_0(\mathrm{d}\tilde{y}) + \tilde{f}_{\alpha m(z),\beta}(\tilde{y}-z)I_{\{z\leqslant\tilde{y}<L_a\}}\mathrm{d}\tilde{y}$$

式中: $\overline{F}_{\alpha m(z),\beta}(y) = \int_y^{+\infty}\left(\int_{-\infty}^{+\infty}f_{\alpha m(z),\beta}(s-\varepsilon)f_E(\varepsilon)\mathrm{d}\varepsilon\right)\mathrm{d}s$。

因为 $\tilde{Y}(0) = 0$, 且 0 为 $\{\tilde{Y}(T_i)\}_{(i=1,2,\cdots)}$ 的常返态, 故 $\{\tilde{Y}(T_i)\}_{(i=1,2,\cdots)}$ 存在不变稳定分布 $\pi$ 且满足

$$\pi(\cdot) = \int_{[0,L_a)} P(\cdot\mid z)\pi(\mathrm{d}z) \qquad (3-24)$$

式(3-24)的解可表示为

$$\pi(\mathrm{d}z) = a'\delta_0(\mathrm{d}z) + (1-a')b'(z)\mathrm{d}z$$

式中: $a' = \dfrac{1}{1+\int_0^{L_a}B(z)\mathrm{d}z}$; $b'(\tilde{y}) = \dfrac{a'}{1-a'}B(\tilde{y})$。于是可得到

$$B(\tilde{y}) = \tilde{f}_{\alpha m(0),\beta}(\tilde{y}) + \int_0^{\tilde{y}} B(z)\tilde{f}_{\alpha m(z),\beta}(\tilde{y}-z)\mathrm{d}z \qquad (3-25)$$

式中: $\tilde{f}_{\alpha m(z),\beta}(\tilde{y}-z) = \int_{-\infty}^{\infty} f_{\alpha m(z),\beta}(\tilde{y}-z-\varepsilon')f_{E'}(\varepsilon')\mathrm{d}\varepsilon'$, $\varepsilon' = \varepsilon_z - \varepsilon_y$, $\varepsilon' \sim N(0, 2\sigma_\varepsilon^2)$, $f_{E'}(\varepsilon')$ 是 $\varepsilon'$ 的密度函数。

### 3.2.3 优化模型

与完全检测类似, 在考虑测量误差的情况下, 这里以设备长期运行下的期望费用率最低为优化目标建立设备的非周期检测维修优化模型, 并利用半再生过程性质计算设备的期望费用率。

半再生周期$[0,T_1]$内的期望检测次数为

$$E_\pi[N_i(T_1)] = 1 \qquad (3-26)$$

半再生周期$[0,T_1]$内的期望预防性维修次数为

$$
\begin{aligned}
E_\pi[N_P(T_1)] &= P_\pi(L_a \leqslant Z(T_1) < L) \\
&= \int_{[0,L_a]} (\overline{F}_{\alpha m(z),\beta}(L_a - z) - \overline{F}_{\alpha m(z),\beta}(L - z))\pi(\mathrm{d}z) \\
&= a'(\overline{F}_{\alpha m(0),\beta}(L_a) - \overline{F}_{\alpha m(0),\beta}(L)) + \\
&\quad a'\int_{[0,L_a]} (\overline{F}_{\alpha m(z),\beta}(L_a - z) - \overline{F}_{\alpha m(z),\beta}(L - z))B(z)\mathrm{d}z \quad (3-27)
\end{aligned}
$$

半再生周期$[0,T_1]$内的期望修复性维修次数为

$$
\begin{aligned}
E_\pi[N_c(T_1)] &= P_\pi(Z(T_1) \geqslant L) = \int_{[0,L_a]} \overline{F}_{\alpha m(z),\beta}(L - z)\pi(\mathrm{d}z) \\
&= a'\overline{F}_{\alpha m(0),\beta}(L) + a'\int_{[0,L_a]} \overline{F}_{\alpha m(z),\beta}(L - z)B(z)\mathrm{d}z
\end{aligned}
$$

$$(3-28)$$

半再生周期$[0,T_1]$内期望故障延迟时间长度为

$$
\begin{aligned}
E_\pi[d(T_1)] &= \int_{[0,L_a]} E_z\left(\int_0^{T_1} I_{\{Z(t) \geqslant L\}}\mathrm{d}t\right)\pi(\mathrm{d}z) \\
&= \int_{[0,L_a]} \left(\int_0^{m(z)} \overline{F}_{\alpha \cdot t,\beta}(L - z)\mathrm{d}t\right)\pi(\mathrm{d}z) \\
&= a'\int_0^{m(0)} \overline{F}_{\alpha \cdot t,\beta}(L)\mathrm{d}t + a'\int_{[0,L_a]} \left(\int_0^{m(z)} \overline{F}_{\alpha \cdot t,\beta}(L - z)\mathrm{d}t\right)B(z)\mathrm{d}z
\end{aligned}
$$

$$(3-29)$$

半再生周期$[0,T_1]$的期望长度为

$$
E_\pi[T_1] = \int_{[0,L_a]} m(z)\pi(\mathrm{d}z) = am(0) + a\int_{[0,L_a]} m(z)B(z)\mathrm{d}z
$$

$$(3-30)$$

由于存在检测误差,所以在$[0,T_1]$内可能会出现过早修复性维修(CM)和延迟修复性维修(CM)现象,如图3-6所示。

(1)过早CM:指$T_1$时刻设备的实际状态$X(T_1) < L$,但检测结果显示$Z(T_1) \geqslant L$,这种由于检测误差触发的不期望的CM称为过早CM。过早CM将会增加设备更新周期的维修费用。

(2)延迟CM:指$T_1$时刻设备的实际状态$X(T_1) \geqslant L$,但检测结果显示$Z(T_1) \leqslant L_a$,检测误差导致期望的CM滞后发生。延迟CM将会增加额外的故障延迟时间并增加更新周期的费用损失。

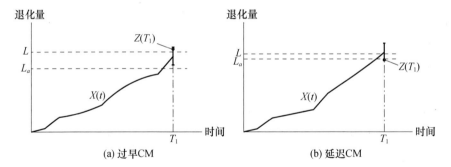

(a) 过早CM       (b) 延迟CM

图 3-6 测量误差对 CM 的影响

过早 CM 导致的额外累加的故障延迟时间为

$$
\begin{aligned}
E_\pi\big[d1(T_1)\big] &= \int_{[0,L_a]} E_z\left(\int_0^{T_1} I_{\{Z(t)\geqslant L\cap X(t)<L\}}\,\mathrm{d}t\right)\pi(\mathrm{d}z) \\
&= \int_{[0,L_a]} E_z\left(\int_0^{T_1} I_{\{Z(t)\geqslant L\cap\varepsilon>Z(t)-L\}}\,\mathrm{d}t\right)\pi(\mathrm{d}z) \\
&= \int_{[0,L_a]} E_z\left(\int_0^{T_1}\left(\int_{L-z}^{+\infty}\left(\int_{s-L}^{+\infty}f_{\alpha t,\beta}(s-\varepsilon)f_E(\varepsilon)\mathrm{d}\varepsilon\right)\mathrm{d}s\right)\mathrm{d}t\right)\pi(\mathrm{d}z) \\
&= \int_{[0,L_a]}\left(\int_0^{m(z)}\left(\int_{L-z}^{+\infty}\left(\int_{s-L}^{+\infty}f_{\alpha t,\beta}(s-\varepsilon)f_E(\varepsilon)\mathrm{d}\varepsilon\right)\mathrm{d}s\right)\mathrm{d}t\right)\pi(\mathrm{d}z)
\end{aligned}
$$

$$(3-31)$$

延迟 CM 导致的遗漏故障延迟时间为

$$
\begin{aligned}
E_\pi\big[d2(T_1)\big] &= \int_{[0,L_a]} E_z\left(\int_0^{T_1} I_{\{Z(t)<L_a\cap X(t)\geqslant L\}}\,\mathrm{d}t\right)\pi(\mathrm{d}z) \\
&= \int_{[0,L_a]} E_z\left(\int_0^{T_1} I_{\{Z(t)<L_a\cap\varepsilon\leqslant Z(t)-L\}}\,\mathrm{d}t\right)\pi(\mathrm{d}z) \\
&= \int_{[0,L_a]} E_z\left(\int_0^{T_1}\left(\int_0^{L_a-z}\left(\int_{-\infty}^{s-L}f_{\alpha t,\beta}(s-\varepsilon)f_E(\varepsilon)\mathrm{d}\varepsilon\right)\mathrm{d}s\right)\mathrm{d}t\right)\pi(\mathrm{d}z) \\
&= \int_{[0,L_a]}\left(\int_0^{m(z)}\left(\int_0^{L_a-z}\left(\int_{-\infty}^{s-L}f_{\alpha t,\beta}(s-\varepsilon)f_E(\varepsilon)\mathrm{d}\varepsilon\right)\mathrm{d}s\right)\mathrm{d}t\right)\pi(\mathrm{d}z)
\end{aligned}
$$

$$(3-32)$$

为使维修决策更加贴近实际,这里需要考虑到检测误差对 CM 的影响,将 $E_\pi[d(T_1)]$ 中多累加的 $E_\pi[d1(T_1)]$ 移除,将遗漏的 $E_\pi[d2(T_1)]$ 累加到 $E_\pi[d(T_1)]$ 中,经过调整设备的期望延迟时间为

$$
E_\pi\big[d'(T_1)\big] = E_\pi[d(T_1)] - E_\pi[d1(T_1)] + E_\pi[d2(T_1)]
$$

48

$$= \int_{[0,L_a)} \left( \int_0^{m(z)} \left( \int_{L-z}^{+\infty} \left( \int_{-\infty}^{s-L} f_{\alpha t, \beta}(s-\varepsilon) f_E(\varepsilon) \mathrm{d}\varepsilon \right) \mathrm{d}s \right) \mathrm{d}t \right) \pi(\mathrm{d}z)$$

$$+ \int_{[0,L_a)} \left( \int_0^{m(z)} \left( \int_0^{L_a-z} \left( \int_{-\infty}^{s-L} f_{\alpha t, \beta}(s-\varepsilon) f_E(\varepsilon) \mathrm{d}\varepsilon \right) \mathrm{d}s \right) \mathrm{d}t \right) \pi(\mathrm{d}z)$$

$$(3-33)$$

通过式(3-26)~式(3-33),可以计算考虑检测误差下的长时间运行期望费用率为

$$C'_{\mathrm{aver}}(L_a, A, B) = \frac{C_I E_\pi [N_I(T_1)]}{E_\pi [T_1]} + \frac{C_P E_\pi [N_P(T_1)]}{E_\pi [T_1]} +$$
$$\frac{C_C E_\pi [N_C(T_1)]}{E_\pi [T_1]} + \frac{C_d E_\pi [d'(T_1)]}{E_\pi [T_1]} \qquad (3-34)$$

通过优化计算,可以得到最优解 $\{L'_a, A', B'\}$ 使得 $C'_{\mathrm{aver}}(L_a, A, B)$ 最小。

### 3.2.4 算例

基于 3.1 节的算例,假设检测误差超过 ±0.1mm 的概率为 10%,可以得到 $\sigma_\varepsilon = 0.061$,则有 $\varepsilon \sim N(0, 0.061^2)$。通过计算模型式(3-47)可以得到不完全检测下,分别对应 $m_1(x)$、$m_2(x)$、$m_3(x)$ 时的最优结果。

图 3-7 所示为在 $L_a = 0.3$ 时,含测量误差的非周期检测对应的期望费用率在 $A$、$B$ 平面上的等高线,其中,"*"表示最优值所在位置。

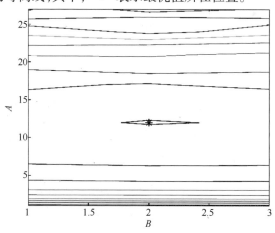

图 3-7 对应 $m_1$ 的不完全检测下的期望费用率等高线($L_a = 0.3$)

图 3-8 所示为在 $L_a = 0.4$ 时,含测量误差的非周期检测对应的期望费用率在 $A$、$B$ 平面上的等高线。

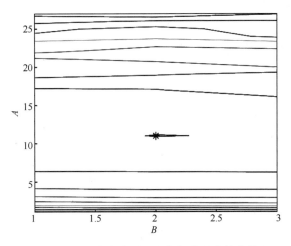

图 3 - 8　对应 $m_2$ 的不完全检测下的期望费用率等高线($L_a$ = 0.4)

图 3 - 9 所示为在 $L_a$ = 0.3 时,含测量误差的非周期检测对应的期望费用率在 $A$、$B$ 平面上的等高线。

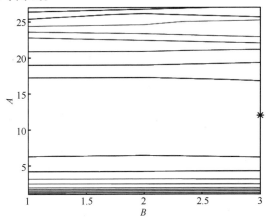

图 3 - 9　对应 $m_3$ 的不完全检测下的期望费用率等高线($L_a$ = 0.3)

检测规划函数 $m_1(x)$、$m_2(x)$、$m_3(x)$ 对应的最优结果如表 3 - 4 所列。

表 3 - 4　含测量误差时非周期检测的维修优化结果

|  | $L_a^*$ | $A^*$ | $B^*$ | $C_{\text{aver}}^*$ |
|---|---|---|---|---|
| $m_1(x)$ | 0.3 | 12 | 2 | 9.65 |
| $m_2(x)$ | 0.4 | 11 | 2 | 9.85 |
| $m_3(x)$ | 0.3 | 12 | 3 | 9.97 |

通过对比表 3 - 4 中的结果发现,在含测量误差的条件下,$m_1$ 规划函数对应

的最优 $C_{aver} = 9.65$ 最小。因此,这里选用 $m_1$ 函数作为设备的检测规划函数,其中,$A^* = 12$,$B^* = 2$,对应的最优预防性维修阈值 $L_a^* = 0.3$。与不含测量误差下的 $m_1$ 的最优结果相比,测量误差导致设备的 $C_{aver}^*$ 增加($9.65 > 9.47$),这意味着测量误差将导致设备更新周期内的维修费用增加。同时,在测量误差的影响下,设备的最优预防性维修阈值降低($0.3 < 0.8$),从而可以有效避免由于测量误差导致的设备故障误判情况的发生。

## 3.3 考虑安全风险的非周期检测维修优化方法

对于安全关键设备,如何确保设备安全运行往往是决策人员更加关注的问题。因此,有必要在维修决策优化过程中考虑设备的安全因素。目前在维修中考虑风险的方式主要有两种:一种是将事故后果统一转化为费用,期望通过费用优化达到降低风险的目的,但该种方法忽视了维修过程中的不确定性,从而难以控制设备运行过程中的不确定性和风险;另一种方法是通过对故障发生的概率进行限制,进而实现对设备安全风险的控制。这里将设备的可接受风险阈值纳入到视情维修优化模型中,控制设备故障发生的概率,在使设备运行满足可接受风险约束的同时实现费用最优。

### 3.3.1 风险可接受阈值

风险是指设备发生故障的概率和相应后果的乘积,风险可接受指标(Risk Acceptance Criteria)定义为决策人员的可接受风险的上限值。为确保设备安全有效运行,制定的维修计划要确保设备运行的风险满足安全性要求,即在可接受风险指标以下,因此,可接受风险对维修决策有着重要影响。下面给出一种方法通过风险可接受阈值 $L_R$,控制设备的安全风险水平,使其满足安全性要求。

**1. 故障后果评估**

故障后果评估包括故障场景描述和后果估计。为避免恶性事故的发生,许多管理机构采用最严重后果场景描述故障场景,但该种方法使得事故后果估计过高。为此,可以提出采用最大可信事故场景对故障后果进行评估,故障后果包括环境污染、生产损失甚至人员伤亡等。在此基础上,从系统性能损失、经济损失、人员健康影响和环境损伤四个方面对故障后果进行评估,评估得到的后果度量指标可以标准化为 $1 \sim 10$ 范围内的值。

**2. 风险可接受阈值确定**

管理决策人员在决定是否采用维修决策优化结果之前,需要依据安全法规(如 UKOOA;AN/NZS 4360)判断维修优化结果能否满足安全要求。风险可接受指标作为度量风险可接受水平的指标已经使用了将近 20 年,可以用于选择维修优化结果,使最终的维修决策能够有效地降低设备的风险水平。风险可接受指标被美国核能管理委员会(Nuclear Regulatory Commission)、英国健康与安全管理协会(Health and Safety Executive)和其他的管理机构广泛采用,从而使风险降低到合理的可执行水平。

风险可接受指标位于最低合理可行(As Low As Reasonably Practicable,ALARP)区域中,低于不可接受风险的下限高于可忽略风险的上限。英国的管理部门趋向于将风险可接受指标定义在靠近不可接受风险区域的下限,如图 3 – 10 所示。风险可接受指标的取值一般由相关的标准和法规等给定。

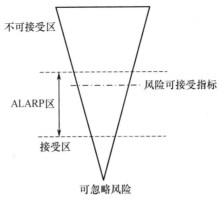

图 3 – 10  风险可接受指标示意图

假设风险可接受指标为 $R_a$,事故后果为 Con,则通过风险的定义可以得到风险可接受指标对应的最大可接受故障发生概率 $P_a = R_a/\mathrm{Con}$。在非周期检测策略下,令故障发生的概率等于 $P_a$,则有

$$P_a = \sum_{k=1}^{\infty} P(Z(T_{k-1}) < L_R, Z(T_k) \geqslant L) \tag{3-35}$$

式中:$L_R$ 为风险可接受阈值。

当不含测量误差时,依据式(3 – 21)可以得到完全检测下的风险可接受阈值 $L_{R1}$ 满足

$$P_a = P_\pi(X(T_1) \geqslant L) = \int_0^{L_{a1}} F_{\alpha m(x), \beta}(L - x) \pi(\mathrm{d}x) \tag{3-36}$$

当含测量误差时,依据式(3 – 28)可以得到含检测误差下的风险可接受阈值 $L_{R2}$ 满足

$$P_a = P_\pi(Z(T_1) \geqslant L) = \int_{[0, L_{R2})} \overline{F}_{\alpha m(z), \beta}(L - z) \pi(\mathrm{d}z)$$

$$= a'\overline{F}_{\alpha m(0),\beta}(L) + a'\int_{[0,L_{R2}]}\overline{F}_{\alpha m(z),\beta}(L-z)B(z)\mathrm{d}z \qquad (3-37)$$

通过求解式(3-49)和式(3-50),可以分别得到风险可接受阈值 $L_{R1}$ 和 $L_{R2}$。

### 3.3.2　维修策略

为了确保设备的风险水平在可接受风险指标 $R_a$ 以内,则设备的预防性维修阈值 $L_a$ 应满足 $L_a \leqslant L_R$。依据 $L_a$ 与 $L_R$ 之间的关系,设备的维修策略可以划分为风险厌恶型和风险无偏型。

**1. 风险厌恶型策略**

风险厌恶型维修策略指最终的预防性维修阈值 $L_a < L_R$,如图3-11所示。由于 $L_a < L_R$,相对于风险可接受阈值 $L_R$,该策略能够确保设备在更高的安全水平运行。

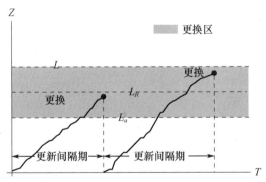

图3-11　风险厌恶型维修策略示意图

风险厌恶型维修策略如下:

(1)在第 $i$ 次检测时,如果 $Z(T_i) < L_a$,则设备继续保持运行,并依据当前检测状态 $Z(T_i)$ 确定下一次检测时刻 $T_{i+1}$,每次检测的费用为 $C_I$。

(2)如果 $L_a \leqslant Z(T_i) < L$,设备进行预防性更换,设备修复如新。每次 PM 费用为 $C_P$。

(3)如果 $Z(T_i) \geqslant L$,系统进行修复性更换,设备修复如新。每次 CM 费用为 $C_C$。

(4)如果 $Z(T_{i-1}) < L_a \cap Z(T_i) \geqslant L$,在进行维修之前,设备将会有一段时间 $d(t)$ 处于故障状态,$d(t)$ 时间内的单位时间费用损失为 $C_d$。

**2. 风险无偏型策略**

风险无偏型策略指 $L_a = L_R$ 时的维修策略,如图3-12所示。因为 $L_a = L_R$,

所以无偏策略的具体维修活动执行情况与风险偏好型相同。

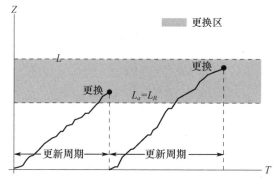

图 3 – 12　风险无偏型维修策略示意图

### 3.3.3　优化模型

与不考虑安全风险的非周期检测维修优化模型相似,这里采用最小化长期运行期望费用率为目标函数,同时,为确保设备的运行风险处于风险可接受指标以下,采用 $L_a \leqslant L_R$ 作为约束。

当不考虑检测误差时,优化模型如下:

$$\mathrm{Min}\, C_{\mathrm{aver}}(L_a, A, B)$$
$$\mathrm{s.\,t.}\; L_a \leqslant L_R \tag{3-38}$$

通过优化求解模型式(3 – 38),可以获得最优结果 $\{L_a^*, A^*, B^*\}$。

当考虑检测误差时,优化模型如下:

$$\mathrm{Min}\, C'_{\mathrm{aver}}(L_a, A, B)$$
$$\mathrm{s.\,t.}\; L_a \leqslant L_R \tag{3-39}$$

通过优化求解模型式(3 – 39),可以获得最优结果 $\{L'_a, A', B'\}$。

### 3.3.4　算例

在 3.2.4 节算例的基础上,假设可接受风险阈值确定的故障发生概率 $P_a = 0.005$,通过求解模型式(3 – 38),可以得到完全检测下的考虑安全约束的优化结果。

图 3 – 13 为对应规划函数 $m_1$ 在 $L_a = 0.4$ 处的 $A$、$B$ 平面上的期望费用率等高线图,图中"*"表示考虑风险约束的最优值所在位置。

图 3 – 14 为对应规划函数 $m_2$ 在 $L_a = 1$ 处的 $A$、$B$ 平面上的期望费用率等高线图,图中"*"表示考虑风险约束的最优值所在位置。

图 3 – 15 为对应规划函数 $m_3$ 在 $L_a = 0.8$ 处的 $A$、$B$ 平面上的期望费用率等

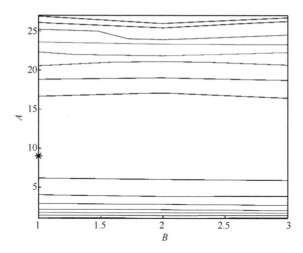

图 3-13 对应 $m_1$ 的完全检测下考虑风险约束的最优结果($L_a = 0.4$)

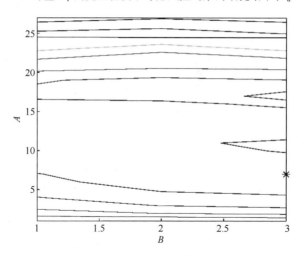

图 3-14 对应 $m_2$ 的完全检测下考虑风险约束的最优结果($L_a = 1$)

高线图,图中" * "表示考虑风险约束的最优值所在位置。

表 3-5 所列为在完全检测下对应不同的检测规划函数考虑风险约束的最优结果。

表 3-5 完全检测下考虑安全风险约束的最优结果

|  | $L_a^*$ | $A^*$ | $B^*$ | $C_{aver}^*$ |
| --- | --- | --- | --- | --- |
| $m_1(x)$ | 0.4 | 9 | 1 | 10.96 |
| $m_2(x)$ | 1 | 7 | 3 | 11.33 |
| $m_3(x)$ | 0.8 | 6 | 2 | 12.7 |

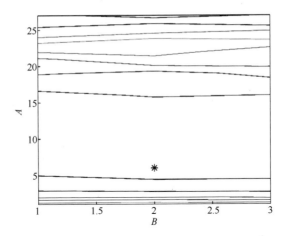

图 3-15 对应 $m_3$ 的完全检测下考虑风险约束的最优结果($L_a = 0.8$)

对比表 3-5 中的不同规划函数对应的最优结果,可以发现 $m_1$ 函数对应的期望费用率最小。因此,在完全检测下考虑风险约束的情况下选用 $m_1$ 函数对设备的检测进行规划,对应的最小期望费用率为 10.96。

对于不完全检测的情况,通过求解模型式(3-39)可以得到在考虑安全风险约束的不完全检测条件下的优化结果。

图 3-16 所示为 $L_a = 0.3$ 时,对应函数 $m_1$ 的期望费用率在 $A$、$B$ 平面的等高线图,图中"$*$"用于标记最优值所在处。

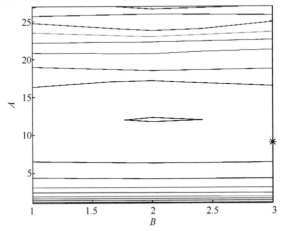

图 3-16 对应 $m_1$ 的不完全检测下考虑风险约束的
期望费率等高线图($L_a = 0.3$)

在考虑安全风险约束的不完全检测条件下,图 3-17 所示为 $L_a = 0.3$ 时,对

应函数 $m_2$ 的期望费用率在 $A$、$B$ 平面的等高线图,图中"∗"表示考虑风险约束的最优值所在位置。

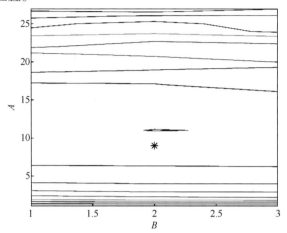

图 3 - 17  对应 $m_2$ 的不完全检测下考虑风险约束的
期望费率等高线图($L_a = 0.4$)

在考虑安全风险约束的不完全检测条件下,图 3 - 18 所示为 $L_a = 0.3$ 时,对应函数 $m_3$ 的期望费用率在 $A$、$B$ 平面的等高线图。

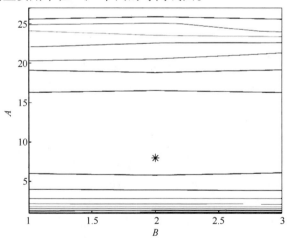

图 3 - 18  对应 $m_3$ 的不完全检测下考虑风险约束的
期望费率等高线图($L_a = 0.4$)

表 3 - 6 所列为对应不同规划函数的不完全检测下考虑安全风险约束的最优结果。

表 3 –6 考虑安全风险约束的不完全检测下的维修最优结果

| | $L_a^*$ | $A^*$ | $B^*$ | $C'^*_{aver}$ |
|---|---|---|---|---|
| $m_1(x)$ | 0.3 | 9 | 3 | 11.47 |
| $m_2(x)$ | 0.4 | 9 | 2 | 11.79 |
| $m_3(x)$ | 0.4 | 8 | 2 | 12.06 |

通过对比表 3 – 6 中的结果发现，$m_1$ 函数对应的期望费用率最小，因此，在考虑安全风险约束时，不完全检测的规划函数选用 $m_1$，对应的最小期望费用率为 11.47。

对比不考虑安全风险的优化结果(表 3 – 2 和表 3 – 4)和考虑安全风险约束的优化结果(表 3 – 5 和表 3 – 6)，可以发现考虑安全风险约束的最优期望费用率(完全检测或不完全检测)分别大于不考虑安全风险约束的最优期望费用率(完全检测或不完全检测)。另外，考虑安全风险约束后，检测规划函数 $m_1$ 的参数 $A^*$ 相对于不考虑安全风险约束的 $m_1$ 函数的参数 $A^*$ 变小(设备的第一个检测间隔减小)。对比结果说明：在考虑安全风险约束的条件下，检测间隔更加保守，同时需要投入更多的费用以确保设备的安全运行。由此可见，对于安全关键设备，考虑安全风险约束对设备的维修优化具有重要意义。

# 本 章 小 结

本章首先研究了完全检测下基于平稳独立增量过程的非周期检测问题，分别利用更新过程理论和半再生过程理论给出了非周期检测下的维修优化模型，并探讨了不同规划函数对优化结果的影响。而后，对上述模型进行扩展，研究了不完全检测下的非周期检测维修优化问题，通过与完全检测下的优化结果进行对比，发现测量误差对维修决策具有重要影响。为确保安全关键设备在可接受风险指标下安全运行，本章进一步在不完全检测下维修优化模型的基础上考虑了风险可接受阈值约束，通过算例揭示了考虑安全风险因素在维修优化中的重要性。

# 第4章 基于非平稳独立增量过程的设备视情维修间隔期优化模型

前面研究的维修优化问题都是基于平稳独立增量过程的,在实际当中,一些产品的退化过程却存在突变,如金属化膜脉冲电容器、航空发动机、结构腐蚀等。退化突变的原因有多种,如环境影响或退化机理变化等。我们称退化突变时刻的设备状态为变点。变点的存在虽然不会直接导致故障,但若忽略变点的存在,将可能导致维修不及时甚至引发核能、航天等领域的重大事故。因此,针对退化过程存在突变的设备,有必要考虑变点的影响,使维修决策更加科学合理。

本章将基于非平稳独立增量过程研究设备的退化过程存在突变情况下的维修决策优化问题,并分别建立考虑变点的退化失效型设备和竞争失效型设备的维修优化模型。

## 4.1 含有退化变点的可靠度模型

本节将分别建立退化过程存在变点的退化失效型设备和竞争失效型设备的可靠性模型,其中,退化失效型设备是指由性能退化过程导致故障的设备,竞争失效型设备是指同时具有多种故障机理的设备。这里的竞争失效是指设备在具有变点的退化失效过程基础上同时具有冲击失效过程。

### 4.1.1 含变点的退化失效型设备

假设设备的性能退化过程可以用随时间不断累加的单调非减随机退化过程 $\{X(t)\}_{t\geqslant 0}$ 描述,其中 $X(t)$ 表示 $t$ 时刻的退化水平且 $X(0)=0$。当设备的退化水平达到故障阈值 $L$ 时,认为设备发生退化失效,故障时间记为 $T_L := \inf\{t:X(t)\geqslant L,t\geqslant 0\}$。尽管设备发生退化失效后仍然可以运行,但其工作状态(如功能输出、可靠性或安全性等)已无法满足使用要求。

**1. 退化过程**

由于环境影响或自身的退化特性,设备的退化速率会在某一未知时刻 $T_c$ 发生突变,称 $T_c$ 为变点时间。变点发生时刻具有随机性,$T_c$ 为服从概率密度为

$f_c(t)$ 的随机变量。本章将主要研究退化速率在变点时刻后突然增加的情形。在 $T_c$ 之前，设备的退化过程为正常退化模式 $M_1$；$T_c$ 过后，设备的退化速率会突然增加，进入加速退化模式 $M_2$，如图 4 - 1 所示。

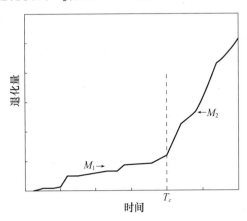

图 4 - 1　含变点的退化过程示意图

鉴于 Gamma 过程适于描述单调非减的退化过程，这里采用 Gamma 过程对设备的退化过程进行描述。记模式 $M_i$ 的退化过程为 $\{X_t^i\}_{t\geqslant 0}$，$i=1,2$。在模式 $M_i$ 下，时间 $s$ 与 $t(0\leqslant s\leqslant t)$ 之间的退化增量 $Y_{t-s}^i=X_t^i-X_s^i$，服从形状参数为 $\alpha_i(t-s)$，尺度参数为 $\beta_i$ 的 Gamma 分布，其概率密度函数为

$$f_{\alpha_i(t-s),\beta_i}(y)=\frac{\beta_i^{\alpha_i(t-s)}}{\Gamma(\alpha_i(t-s))}y^{\alpha_i(t-s)-1}\mathrm{e}^{-\beta_i y}\mathrm{I}_{\{x>0\}}$$

式中：$\Gamma(\alpha_i(t-s))=\int_0^\infty w^{\alpha_i(t-s)-1}\mathrm{e}^{-w}\mathrm{d}w$，$\alpha_i(t-s)>0$；$\beta_i>0$。当 $E$ 为真时，$\mathrm{I}_{\{E\}}=1$；否则，$\mathrm{I}_{\{E\}}=0$。

模式 $M_i$ 的退化速率的均值为 $\mu_i=\alpha_i/\beta_i$，方差为 $\sigma_i^2=\alpha_i/\beta_i^2$。由于经过变点时间后设备的退化速率会突然增加，有 $\alpha_2/\beta_2>\alpha_1/\beta_1$。依据变点的定义，设备在时间 $t$ 的退化水平 $X(t)$ 可以表示为

$$X(t)=Y_t^1\mathrm{I}_{\{t\leqslant T_c\}}+(Y_{T_c}^1+Y_{t-T_c}^2)\mathrm{I}_{\{t>T_c\}}$$

含有变点的退化过程的退化增量 $X(t)-X(s)$ 不仅与时间 $t-s$ 相关还与退化模式有关。虽然在单一的退化模式下的 Gamma 退化过程为平稳独立增量过程，但从整体上讲，含有变点的 Gamma 退化过程不再是平稳独立增量过程。

**2. 可靠度模型**

记退化故障到达时间 $T_L$ 的分布函数为 $F_L(t)$，则有

$$
\begin{aligned}
F_L(t) &= P(T_L \leqslant t) \\
&= \underbrace{P(X(t) \geqslant L \mid T_c \geqslant t)P(T_c \geqslant t)}_{\text{不含拐点}} + \underbrace{P(X(t) \geqslant L \mid T_c < t)P(T_c < t)}_{\text{含拐点}} \\
&= \underbrace{\int_t^\infty\!\!\int_L^\infty f_{\alpha_1 t,\beta_1}(z)f_c(u)\,\mathrm{d}z\mathrm{d}u}_{\text{不含拐点}} + \underbrace{\int_0^t\!\!\int_L^\infty\!\!\int_0^z f_{\alpha_1 u,\beta_1}(\omega)f_{\alpha_2(t-u),\beta_2}(z-\omega)f_c(u)\,\mathrm{d}\omega\mathrm{d}z\mathrm{d}u}_{\text{含拐点}} \\
&= (1 - F_c(t))\frac{\Gamma(\alpha_1 t, L\beta_1)}{\Gamma(\alpha_1 t)} + \int_0^t\!\!\int_L^\infty\!\!\int_0^z f_{\alpha_1 u,\beta_1}(\omega)f_{\alpha_2(t-u),\beta_2}(z-\omega)f_c(u)\,\mathrm{d}\omega\mathrm{d}z\mathrm{d}u
\end{aligned}
$$

式中:$F_c$ 和 $f_c$ 分别为 $T_c$ 的概率分布函数和概率密度函数。

系统故障到达时间 $T_L$ 概率密度函数为

$$
f_L(t) = \frac{\partial F_L(t)}{\partial t}
$$

系统在时间 $t$ 内的可靠度为

$$
R_L(t) = 1 - F_L(t)
$$

### 4.1.2 含变点的竞争失效型设备

假设设备同时具有退化失效和冲击失效两种失效过程,任意一种失效过程先发生都将导致设备故障。这里的竞争失效过程是在含变点的 Gamma 退化过程的基础上增加了冲击失效过程。下面对冲击失效过程进行介绍。

**1. 冲击过程**

假设设备的冲击过程 $\{N(t), t \geqslant 0\}$ 为齐次泊松过程,记 $N(t) \sim \mathrm{Poisson}(\lambda t)$,其中 $\lambda$ 为冲击强度函数,则冲击过程具有如下性质:

(1) $N(0) = 0$;

(2) $N(t)$ 的分布函数为

$$
P(N(t) = k) = \frac{(\lambda t)^k}{k!}\mathrm{e}^{-\lambda t}, k = 0,1,2\cdots
$$

(3) $\{N(t)\}$ 为独立增量过程;

冲击过程的期望和方差分别为

$$
E[N(t)] = \lambda t, \mathrm{Var}[N(t)] = \lambda t
$$

**2. 可靠度模型**

只考虑冲击失效的情况下,记系统的可靠度函数为 $R_{SC}(t)$,则有

$$
R_{SC}(t) = 1 - \exp(-\lambda t)
$$

令 $T_{SC}$ 表示冲击故障到达时间,竞争失效模式下设备的可靠度模型为

$$
R_S(t) = P(\min(T_{SC}, T_L) > t) = R_L(t)R_{SC}(t)
$$

## 4.2 CUSUM 算法

为使维修更加科学合理,维修优化模型需要考虑变点的影响,适时调整维修决策变量。若预先未给定变点时间 $T_c$ 分布的信息,可以通过变点检测方法获取变点发生时间。

目前变点检测算法可以划分为两类:在线检测和离线检测。在线检测是利用在线检测信息确定变点时刻;离线检测与在线检测的不同之处在于在检测开始前,就已经获得了完备的观测样本。在未给定变点分布信息的情况下,这里选择 CUSUM 算法对变点进行检测。

假设设备分别在 $t_i = i\Delta t, i = 1, 2, \cdots$ 进行检测,$\Delta t$ 为检测间隔。相邻检测间隔之间的退化增量为 $Y_i = X(t_i) - X(t_{i-1})$,其中,$Y_1, Y_2, \cdots, Y_J$ 相互独立且具有相同的密度函数 $f_{\alpha_1 \Delta t, \beta_1}$,$Y_J, Y_{J+1}, \cdots$ 相互独立且具有相同的密度函数 $f_{\alpha_2 \Delta t, \beta_2}(x)$,$y_i$ 为 $Y_i$ 的实现值。

定义 $Q_n = \max\limits_{1 \leqslant k \leqslant n} \sum\limits_{j=k}^{n} \log\left(\dfrac{f_{\alpha_2 \Delta t, \beta_2}(y_j)}{f_{\alpha_1 \Delta t, \beta_1}(y_j)}\right)$,$Q_0 = 0$。依据单边 CUSUM 算法原理,检测算法的停止准则为

$$\hat{N} = \min\left\{n : \max_{1 \leqslant k \leqslant n} \sum_{j=k}^{n} \log\frac{f_{\alpha_2 \Delta t, \beta_2}(y_j)}{f_{\alpha_1 \Delta t, \beta_1}(y_j)} \geqslant c_\gamma\right\} \quad (4-1)$$

依据式(4-1),当 $Q_n \geqslant c_\gamma$ 时,判定设备的退化模式处于 $M_2$,则变点发生报警时间为

$$T_{\text{detect}} = \hat{N}\Delta t$$

变点探测阈值 $c_\gamma$ 的选取需满足:

(1) $c_\gamma$ 的取值应满足 $E_{M_1}[\hat{N}] = \gamma$,其中,$E_{M_1}$ 表示在模式 $M_1$ 的退化分布下的期望,$\gamma$ 为一固定阈值;

(2) $P_{M_1}(\hat{N} \leqslant \infty) \leqslant a_l$,其中 $P_{M_1}$ 表示在模式 $M_1$ 退化分布下的概率,$a_l$ 表示变点检测虚警率的上限。

Lorden 证明,当 $\gamma \to \infty$ 时,CUSUM 算法能够使最差情况下的平均检测延迟 $\bar{\tau}$ 最小,即

$$\bar{\tau} = \sup_{J \geqslant 1} \text{esssup } E_J(N - J + 1 \mid Y_1, \cdots, Y_{J-1})$$

式中:$E_J$ 表示变点时间为 $J$ 时的观测数据下的期望;esssup 为本性上界,其计算公式为 $\text{esssup} f = \inf\{s \in \mathbb{R} : P(\{x : f(x) > s\}) = 0\}$。

当 $a_l \to 0$ 时,CUSUM 算法检测到 $J$ 所需的最小检测次数为

$$\overline{\tau}^* = \min\overline{\tau} \simeq \frac{|\log a_l|}{d_{1,2}}$$

式中,$d_{1,2}$ 为 $f_{\alpha_1\Delta t,\beta_1}$ 和 $f_{\alpha_2\Delta t,\beta_2}$ 之间的 Kullback – Liebler 信息量,计算公式如下:

$$d_{1,2} = E_{M_2}\left[\lg\left(\frac{f_{\alpha_2\Delta t,\beta_2}(y)}{f_{\alpha_1\Delta t,\beta_1}(y)}\right)\right] = \Delta t(\alpha_2 - \alpha_1)\phi(\alpha_2\Delta t) + \alpha_1\Delta t\lg(\beta_1/\beta_2)$$
$$+ \alpha_2\Delta t\lg(\beta_2/\beta_1 - 1) + \lg(\Gamma(\alpha_1\Delta t)/\Gamma(\alpha_2\Delta t))$$

因为检测间隔 $\Delta t$ 为常数,所以平均变点检测延迟时间为

$$T_\tau = \overline{\tau}^* \Delta t$$

## 4.3　含变点的退化失效型设备维修优化

由于费用及检测条件等的限制,设备采用周期检测方式进行状态检测。检测的时间序列为 $\{t_k\}_{k\in\mathbb{N}}$,其中,$t_k = k\Delta t$。假设每次检测均为完全检测,且设备的状态只能通过检测获知。设备的维修方式有三种:检测、预防性维修和修复性维修。每种维修方式所需时间都很短,可以忽略不计。这里研究的含变点的退化过程,经过变点后将由正常退化模式 $M_1$ 进入加速退化模式 $M_2$,为使维修更加科学合理,自然地考虑维修决策变量将根据退化模式的改变而改变,从而避免由于维修不及时导致故障的发生,实现系统的维修费用最小化。为此,本节将建立预防性维修阈值随退化模式改变的自适应维修优化模型。

### 4.3.1　自适应维修优化

依据变点分布信息是否在检测之前掌握的情况,这里将自适应维修优化模型划分为离线自适应维修优化模型和在线自适应维修优化模型。

**1. 离线自适应维修优化**

如果在检测前已知变点时间分布,并且检测过程中变点发生时间能够立即告警,则可采用离线自适应维修策略进行维修优化。这里通过系统更新方式和变点位置的划分,直接利用更新理论建立离线自适应维修优化模型。

1)离线策略

(1) $\{X(t_{k-1}) < L_1 \cap X(t_k) \geq L \cap t_{k-1} < t_k \leq t_c\}$、$\{X(t_{k-1}) < L_2 \cap X(t_k) \geq L \cap t_c \leq t_{k-1} < t_k\}$ 或 $\{X(t_{k-1}) < L_1 \cap X(t_k) \geq L \cap t_{k-1} \leq t_c < t_k\}$,上述任一事件发生,则系统发生故障,在 $t_k$ 时刻立即对设备进行修复性维修,维修费用为 $C_c$。维修过后,设备修复如新。变点时间 $T_c$ 的实现值 $t_c$ 具有三种位置,如图 4 – 2 所示。

(2) $\{X(t_{k-1}) < L_1 \cap L_1 \leq X(t_k) < L \cap t_{k-1} < t_k \leq t_c\}$、$\{X(t_{k-1}) < L_1 \cap L_2 \leq X(t_k) < L \cap t_{k-1} \leq t_c < t_k\}$ 或 $\{X(t_{k-1}) < L_2 \cap L_2 \leq X(t_k) < L \cap t_c \leq t_{k-1} < t_k\}$,上述任

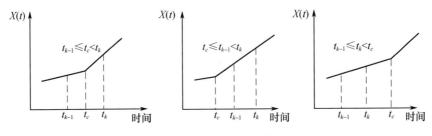

图 4 - 2　变点位置划分

一事件发生,则在 $t_k$ 时刻立即对设备进行预防性维修,维修费用为 $C_P$。维修过后,设备修复如新。

(3) 检测过程中,下列任一事件发生:$\{X(t_k) < L_1 \cap t_k \leqslant t_c\}$ 或 $\{X(t_k) < L_2 \cap t_k > t_c\}$。则设备继续运行到下一检测时刻 $t_{k+1}$ 再进行维修决策,当前时刻 $t_k$ 只进行检测,检测费用为 $C_I$。

(4) 由于设备的故障状态只能通过检测获得,所以从设备故障到更换,将有一段故障延迟时间 $d(t)$。单位故障延迟时间的费用为 $C_d$。

其中,$L_1$ 为模式 $M_1$ 对应的预防性维修阈值,$L_2$ 为模式 $M_2$ 对应的预防性维修阈值。因为 $M_2$ 是加速退化模式,所以有 $L_2 < L_1$,如图 4 - 3 所示。维修阈值 $L_1$ 和 $L_2$ 可以分别通过 $M_1$ 和 $M_2$ 退化模式下的维修优化模型得到。

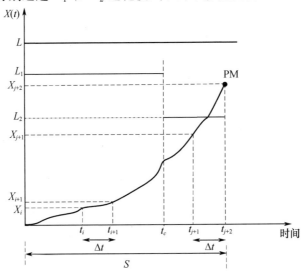

图 4 - 3　自适应维修策略

2）优化模型

由于 PM 或 CM 过后,设备的状态修复如新,所以 PM 或 CM 时刻为设备的

更新点。利用更新报酬定理,设备的长期运行期望维修费用率可以表示为

$$C_{\mathrm{aver}}(L_1, L_2, \Delta t) = \lim_{t \to \infty} \frac{E[C(t)]}{t} = \frac{E[C(S)]}{E[S]} \quad (4-2)$$

式中:$C(t)$ 为 $t$ 时间内的所有与维修相关的费用;$E[S]$ 为更新周期 $S$ 的期望时间长度。

依据维修策略可以得到更新周期 $S$ 内的总的维修费用的期望为

$$E[C(S)] = C_I E[N_I(S)] + C_P P_P(S) + C_C P_C(S) + C_d E[d(S)] \quad (4-3)$$

式中:$E[N_I(S)]$ 为更新周期 $S$ 内的期望检测次数;$P_P(S)$ 为更新周期 $S$ 以预防性维修结尾的概率;$P_C(S)$ 为更新周期 $S$ 以修复性维修结尾的概率;$E[d(S)]$ 为更新周期 $S$ 内的期望故障延迟时间。

在给定变点分布的离线条件下,为了计算式(4-2),下面分别给出 $P_C(S)$、$P_P(S)$、$E[N_I(S)]$、$E[d(S)]$、$E[S]$ 的计算公式。

(1) $P_C(S)$ 计算。

退化失效型系统的修复性维修由设备的退化故障造成,所以更新周期以修复性维修结尾的概率为

$$P_C(S) = \sum_{k=1}^{\infty} \begin{array}{l} P(X(t_{k-1}) < L_1 \cap X(t_k) \geqslant L \cap t_{k-1} < t_k \leqslant t_c) \\ + P(X(t_{k-1}) < L_2 \cap X(t_k) \geqslant L \cap t_c \leqslant t_{k-1} < t_k) \\ + P(X(t_{k-1}) < L_1 \cap X(t_k) \geqslant L \cap t_{k-1} \leqslant t_c < t_k) \end{array} \quad (4-4)$$

依据变点的位置划分,式(4-4)将 CM 发生的概率分为以下三种:

当 $t_{k-1} < t_k \leqslant t_c$ 时,$t_k$ 进行 CM 的概率为

$$P(X(t_{k-1}) < L_1 \cap X(t_k) \geqslant L \cap t_{k-1} < t_k \leqslant t_c)$$

$$= P(X(t_{k-1}) < L_1 \cap X(t_k) \geqslant L) P(t_{k-1} < t_k \leqslant t_c)$$

$$= P(X(t_{k-1}) < L_1 \cap X(t_k) - X(t_{k-1}) \geqslant L - X(t_{k-1})) P(t_{k-1} < t_k \leqslant t_c)$$

$$= P(X(t_{k-1}) < L_1 \cap X(\Delta t) \geqslant L - X(t_{k-1})) P(t_{k-1} < t_k \leqslant t_c)$$

$$= \int_{t_k}^{\infty} \int_0^{L_1} \int_{L-z}^{\infty} f_{\alpha_1 \Delta t, \beta_1}(u) f_{\alpha_1 t_{k-1}, \beta_1}(z) f_c(t_c) \, \mathrm{d}u \mathrm{d}z \mathrm{d}t_c \quad (4-5)$$

当 $t_c \leqslant t_{k-1} < t_k$ 时,$t_k$ 进行 CM 的概率为

$$P(X(t_{k-1}) < L_2 \cap X(t_k) \geqslant L \cap t_c \leqslant t_{k-1} < t_k)$$

$$= P(X(t_{k-1}) < L_2 \cap X(t_k) - X(t_{k-1}) \geqslant L - X(t_{k-1}) \cap t_c \leqslant t_{k-1} < t_k)$$

$$= P(X(t_{k-1}) < A_2 \cap X(\Delta t) \geqslant L - X(t_{k-1})) P(t_c \leqslant t_{k-1} < t_k)$$

$$= \int_0^{t_{k-1}} \int_0^{L_2} \int_0^z \int_{L-z}^{\infty} f_{\alpha_1 t_c, \beta_1}(u) f_{\alpha_2(t_{k-1}-t_c), \beta_2}(z-u) f_{\alpha_2 \Delta t, \beta_2}(\omega) f_c(t_c) \, \mathrm{d}\omega \mathrm{d}u \mathrm{d}z \mathrm{d}t_c \quad (4-6)$$

当 $t_{k-1} \leqslant t_c < t_k$ 时,$t_k$ 进行 CM 的概率为

65

$$P(X(t_{k-1}) < L_1 \cap X(t_k) \geq L \cap t_{k-1} \leq t_c < t_k)$$

$$= P(X(t_{k-1}) < L_1 \cap X(t_k) - X(t_{k-1}) \geq L - X(t_{k-1}) \cap t_{k-1} \leq t_c < t_k)$$

$$= \int_{t_{j-1}}^{t_j}\int_0^{L_1}\int_{L-u}^{\infty}\int_0^z f_{\alpha_1(t_c-t_{k-1}),\beta_1}(\omega) f_{\alpha_2(t_k-t_c),\beta_2}(z-\omega) f_{\alpha_1 t_{k-1},\beta_1}(u) f_c(t_c)\, \mathrm{d}\omega \mathrm{d}z \mathrm{d}u \mathrm{d}t_c$$

$$(4-7)$$

（2）$P_P(S)$计算。

依据自适应维修策略，更新周期以 PM 结尾的概率为

$$P_P(S) = \sum_{k=1}^{\infty} \begin{array}{l} P(X(t_{k-1}) < L_1 \cap L_1 \leq X(t_k) < L \cap t_{k-1} < t_k \leq t_c) \\ + P(X(t_{k-1}) < L_2 \cap L_2 \leq X(t_k) < L \cap t_c \leq t_{k-1} < t_k) \\ + P(X(t_{k-1}) < L_1 \cap L_2 \leq X(t_k) < L \cap t_{k-1} \leq t_c < t_k) \end{array}$$

$$(4-8)$$

其中

$$P(X(t_{k-1}) < L_1 \cap L_1 \leq X(t_k) < L \cap t_{k-1} < t_k \leq t_c)$$

$$= P(X(t_{k-1}) < L_1 \cap L_1 - X(t_{k-1})$$

$$\leq X(t_k) - X(t_{k-1}) < L - X(t_{k-1}) \cap t_{k-1} < t_k \leq t_c)$$

$$= P(X(t_{k-1}) < L_1 \cap L_1 - X(t_{k-1}) \leq X(\Delta t) < L - X(t_{k-1}) \cap t_{k-1} < t_k \leq t_c)$$

$$= \int_{t_k}^{\infty} f_c(t_c)\, \mathrm{d}t_c \int_0^{L_1}\int_{L_1-u}^{L-u} f_{\alpha_1\Delta t,\beta_1}(\omega) f_{\alpha_1 t_{k-1},\beta_1}(u)\, \mathrm{d}\omega \mathrm{d}u \qquad (4-9)$$

$$P(X(t_{k-1}) < L_2 \cap L_2 \leq X(t_k) < L \cap t_c \leq t_{k-1} < t_k)$$

$$= P(X(t_{k-1}) < L_2 \cap L_2 - X(t_{k-1})$$

$$\leq X(t_k) - X(t_{k-1}) < L - X(t_{k-1}) \cap t_c \leq t_{k-1} < t_k)$$

$$= P(X(t_{k-1}) < L_2 \cap L_2 - X(t_{k-1}) \leq X(\Delta t) < L - X(t_{k-1}) \cap t_c \leq t_{k-1} < t_k)$$

$$= \int_0^{t_{k-1}}\int_0^{L_2}\int_0^z\int_{L_2-u}^{L-u} f_{\alpha_1 t_c,\beta_1}(u) f_{\alpha_2(t_{k-1}-t_c),\beta_2}(z-u) f_{\alpha_2\Delta t,\beta_2}(\omega) f_c(t_c)\, \mathrm{d}\omega \mathrm{d}u \mathrm{d}z \mathrm{d}t_c \qquad (4-10)$$

$$P(X(t_{k-1}) < L_1 \cap L_2 \leq X(t_k) < L \cap t_{k-1} \leq t_c < t_k)$$

$$= P(X(t_{k-1}) < L_1 \cap L_2 - X(t_{k-1}) \leq X(t_k) - X(t_{k-1}) < L - X(t_{k-1}) \cap t_{k-1}$$

$$\leq t_c < t_k)$$

$$= \int_{t_{k-1}}^{t_k} f_c(t_c)\, \mathrm{d}t_c \int_0^{L_1}\int_{\max(0,L_2-u)}^{L-u}\int_0^z f_{\alpha_1(t_c-t_{k-1}),\beta_1}(\omega) f_{\alpha_2(t_k-t_c),\beta_2}(z-\omega) f_{\alpha_1 t_{k-1},\beta_1}(u)\, \mathrm{d}\omega \mathrm{d}z \mathrm{d}u$$

$$(4-11)$$

（3）$E[N_I(S)]$计算。

依据 $P_C(S)$ 和 $P_P(S)$ 的表达式，更新周期 $S$ 内的期望检测次数为

$$E[N_I(S)] = \sum_{k=1}^{\infty} \begin{pmatrix} P(X(t_{k-1}) < L_1 \cap X(t_k) \geqslant L \cap t_{k-1} < t_k \leqslant t_c) \\ + P(X(t_{k-1}) < L_2 \cap X(t_k) \geqslant L \cap t_c \leqslant t_{k-1} < t_k) \\ + P(X(t_{k-1}) < L_1 \cap X(t_k) \geqslant L \cap t_{k-1} \leqslant t_c < t_k) \end{pmatrix} k$$

$$+ \sum_{k=1}^{\infty} \begin{pmatrix} P(X(t_{k-1}) < L_1 \cap L_1 \leqslant X(t_k) < L \cap t_{k-1} < t_k \leqslant t_c) \\ + P(X(t_{k-1}) < L_2 \cap L_2 \leqslant X(t_k) < L \cap t_c \leqslant t_{k-1} < t_k) \\ + P(X(t_{k-1}) < L_1 \cap L_2 \leqslant X(t_k) < L \cap t_{k-1} \leqslant t_c < t_k) \end{pmatrix} k$$

$$(4-12)$$

（4）$E[d(S)]$ 计算。

更新周期 $S$ 内的期望故障延迟时间为

$$E[d(S)] = \underbrace{\int_0^{L_1\Delta t}\int_0^{\ } (\Delta t - \omega) f_{L-u}(\omega \mid \alpha_1, \beta_1) f_{\alpha_1 t_{k-1}, \beta_1}(u) \mathrm{d}\omega \mathrm{d}u \int_{t_k}^{\infty} f_c(t_c) \mathrm{d}t_c}_{t_{k-1} < t_k \leqslant t_c}$$

$$+ \underbrace{\int_0^{t_{k-1}}\int_0^{L_2}\int_0^{z}\int_0^{\Delta t} (\Delta t - \omega) f_{L-z}(\omega \mid \alpha_2, \beta_2) f_{\alpha_1 t_c, \beta_1}(u) f_{\alpha_2(t_{k-1}-t_c), \beta_2}(z-u) f_c(t_c) \mathrm{d}\omega \mathrm{d}u \mathrm{d}z \mathrm{d}t_c}_{t_c \leqslant t_{k-1} < t_k}$$

$$+ \underbrace{\int_{t_{k-1}}^{t_k}\int_0^{L_1(t_c-t_{k-1})}\int_0^{\ } (\Delta t - \omega) f_{L-u}(\omega \mid \alpha_1, \beta_1) f_{\alpha_1 t_{k-1}, \beta_1}(u) f_c(t_c) \mathrm{d}\omega \mathrm{d}u \mathrm{d}t_c}_{t_{k-1} < T_L \leqslant t_c}$$

$$+ \underbrace{\int_{t_{k-1}}^{t_k}\int_0^{A_1}\int_{(t_c-t_{k-1})}^{\Delta t} (\Delta t - \omega) f_{L-u}(\omega \mid \alpha_1, \beta_1, \alpha_2, \beta_2) f_{\alpha_1 t_{k-1}, \beta_1}(u) f_c(t_c) \mathrm{d}\omega \mathrm{d}u \mathrm{d}t_c}_{t_c < T_L \leqslant t_k}$$

$$(4-13)$$

其中

$$f_{L-u}(t \mid \alpha_1, \beta_1) = \frac{\partial F_{L-u}(t \mid \alpha_1, \beta_1)}{\partial t}, \quad F_{L-u}(t \mid \alpha_1, \beta_1) = \int_{L-u}^{\infty} f_{\alpha_1 t, \beta_1}(\omega) \mathrm{d}\omega$$

$$f_{L-z}(t \mid \alpha_2, \beta_2) = \frac{\partial F_{L-z}(t \mid \alpha_2, \beta_2)}{\partial t}, \quad F_{L-z}(t \mid \alpha_2, \beta_2) = \int_{L-z}^{\infty} f_{\alpha_2 t, \beta_2}(\omega) \mathrm{d}\omega$$

$$f_{L-u}(t \mid \alpha_1, \beta_1, \alpha_2, \beta_2) = \frac{\partial F_{L-u}(t \mid \alpha_1, \beta_1, \alpha_2, \beta_2)}{\partial t}$$

$$F_{L-u}(t \mid \alpha_1, \beta_1, \alpha_2, \beta_2) = \int_{L-u}^{\infty}\int_0^{z} f_{\alpha_1(t_c-t_{k-1}), \beta_1}(\omega) f_{\alpha_2(t-t_c), \beta_2}(z-\omega) \mathrm{d}\omega \mathrm{d}z$$

(5) $E[S]$ 计算。

因为设备的更新周期最终将以 PM 或 CM 结尾，所以更新周期的期望时长可以表示为

$$E[S] = \sum_{k=1}^{\infty} \left( \begin{array}{l} P(X(t_{k-1}) < L_1 \cap X(t_k) \geq L \cap t_{k-1} < t_k \leq t_c) \\ + P(X(t_{k-1}) < L_2 \cap X(t_k) \geq L \cap t_c \leq t_{k-1} < t_k) \\ + P(X(t_{k-1}) < L_1 \cap X(t_k) \geq L \cap t_{k-1} \leq t_c < t_k) \end{array} \right) t_k$$
$$+ \sum_{k=1}^{\infty} \left( \begin{array}{l} P(X(t_{k-1}) < L_1 \cap L_1 \leq X(t_k) < L \cap t_{k-1} < t_k \leq t_c) \\ + P(X(t_{k-1}) < L_2 \cap L_2 \leq X(t_k) < L \cap t_c \leq t_{k-1} < t_k) \\ + P(X(t_{k-1}) < L_1 \cap L_2 \leq X(t_k) < L \cap t_{k-1} \leq t_c < t_k) \end{array} \right) t_k$$

$$(4-14)$$

依据式(4-3)~式(4-14)，可以得到设备长期运行的期望维修费用率 $C_{\mathrm{aver}}(\Delta t, L_1, L_2)$ 的解析表达式。

这里以最小化 $C_{\mathrm{aver}}(\Delta t, L_1, L_2)$ 为优化目标，建立含退化变点设备的维修优化模型：

$$\mathrm{Min} \quad C_{\mathrm{aver}}(\Delta t, L_1, L_2)$$
$$\mathrm{s.\,t.} \begin{cases} \Delta t > 0 \\ L_1 > L_2 > 0 \end{cases} \quad\quad (4-15)$$

通过求解上述模型，可以得到最小期望维修费用率 $C_{\mathrm{aver}}^{*}$ 对应的最优决策变量 $\{\Delta t^{*}, L_1^{*}, L_2^{*}\}$。

### 2. 在线自适应维修优化

若检测前未获得变点分布信息，则可以通过在线 CUSUM 算法探测变点的发生时刻，进而建立 PM 阈值随退化模式改变的在线自适应维修优化模型。在线优化模型与离线优化模型的区别在于：在线模型的变点时间为变点探测时间包含变点探测延迟时间，而离线优化模型的变点时间是真实变点时间。

1）在线策略

在线自适应维修的维修策略如下：

（1）$\{X(t_{k-1}) < L_1 \cap X(t_k) \geq L \cap t_{k-1} < t_k \leq t_{\mathrm{detect}}\}$ 或 $\{X(t_{k-1}) < L_2 \cap X(t_k) \geq L \cap t_k > t_{k-1} \geq t_{\mathrm{detect}}\}$，上述任一事件发生，则在 $t_k$ 时刻立即对设备进行修复性维修，维修费用为 $C_C$。维修过后，设备修复如新。$t_{\mathrm{detect}}$ 为变点报警时间 $T_{\mathrm{detect}}$ 的实现值。

（2）$\{X(t_{k-1}) < L_1 \cap L_1 \leq X(t_k) < L \cap t_{k-1} < t_k \leq t_{\mathrm{detect}}\}$ 或 $\{X(t_{k-1}) < L_2 \cap L_2 \leq X(t_k) < L \cap t_k > t_{k-1} \geq t_{\mathrm{detect}}\}$，上述任一事件发生，则在 $t_k$ 时刻立即对设备进行预防性维修，维修费用为 $C_P$。维修过后，设备修复如新。

68

（3）若$\{X(t_k) < L_1 \cap t_k \leq t_{\text{detect}}\}$或$\{X(t_k) < L_2 \cap t_k > t_{\text{detect}}\}$发生，则设备继续运行到下一检测时刻$t_{k+1}$再进行维修决策，当前时刻$t_k$只进行检测，检测费用为$C_I$。

（4）由于设备的故障状态只能通过检测获得，所以从设备故障到更换，将有一段故障延迟时间$d(t)$。单位故障延迟时间的费用为$C_d$。

2）优化模型

在线自适应维修优化模型与离线模型不同，具体形式如下：

$$\text{Min} \quad C_{\text{aver}}(c_\gamma \mid \Delta t^*, L_1^*, L_2^*)$$

$$\text{s. t.} \begin{cases} \Delta t^* > 0 \\ L_1^* > L_2^* > 0 \end{cases} \qquad (4-16)$$

因为不知道变点具体分布，所以无法像离线模型那样得到全局最优解。这里给出的是给定$\{L_1^*, L_2^*, \Delta t^*\}$条件下的最优解，在线自适应维修优化模型的求解步骤如下：

（1）通过单一退化模式下的维修优化模型（见3.1节）得到退化模式$M_2$下的最优决策变量$L_2^*$和$\Delta t^*$；

（2）退化模式$M_1$下的检测间隔采用模式$M_2$下得到的$\Delta t^*$，而后利用3.1节的方法计算$L_1^*$；

（3）利用下面的蒙特卡罗仿真算法-I计算在线策略下的最小期望费用率$C_{\text{aver}}^*$和与之对应的变点探测阈值$c_\gamma^*$。

**蒙特卡罗仿真算法-I**

步骤1：从变点分布$F_c(t)$中抽样生成变点发生时间$T_c$，$T_c$前Gamma过程密度函数为$f_{\alpha_1 t, \beta}(x)$，$T_c$后Gamma过程密度函数为$f_{\alpha_2 t, \beta}(x)$，并利用Gamma过程仿真方法生成具有变点的退化样本。

步骤2：判断故障发生时刻$T_L$，利用CUSUM算法获取变点发生时刻change-time。

步骤3：当$X(\text{changetime}) < L_2$时，计算设备更新周期内的总费用$\text{Cost}_1, i$和更新周期长度$\text{Cycle}_{1,i}$；

当$L_2 \leq X(\text{changetime}) < L_1$时，计算设备更新周期内的总费用$\text{Cost}_{2,i}$和更新周期长度$\text{Cycle}_{2,i}$；

当$L_1 \leq X(\text{changetime}) < L$时，计算设备更新周期内的总费用$\text{Cost}_{3,i}$和更新周期长度$\text{Cycle}_{3,i}$；

当$X(\text{changetime}) \geq L$时，计算设备更新周期内的总费用$\text{Cost}_{4,i}$和更新周期长度$\text{Cycle}_{4,i}$。

步骤4:重复步骤1到步骤4 $i = $ Num 次。

步骤5:计算 $\overline{C} = \dfrac{1}{\text{Num}} \sum\limits_{i=1}^{\text{Num}} \sum\limits_{k=1}^{4} \dfrac{\text{Cost}_{k,j}}{\text{Cycle}_{k,j}}$。

步骤6:$c_\gamma$ 在取值范围内变化,每次 $c_\gamma$ 取值都重复计算步骤1到步骤5。

步骤7:选取最小的 $\overline{C}$ 为 $C_{\text{aver}}^*$,其对应的 $c_\gamma$ 作为最优变点探测阈值。

注:步骤3中设备的更新方式包括退化失效导致的修复性更换和预防性更换两种。

### 4.3.2　算例

某设备的退化过程可以用 Gamma 过程模型进行描述,且在退化过程中会由正常退化模式 $M_1$ 突变为加速退化模式 $M_2$。假设突变发生时间 $T_c$ 服从均匀分布,Uniform$[1,50]$。模式 $M_1$ 对应的 Gamma 过程模型参数为 $\alpha_1 = 1$、$\beta_1 = 1$,模式 $M_2$ 对应的 Gamma 过程模型参数为 $\alpha_2 = 1$、$\beta_2 = 3$,设备的故障阈值 $L = 30$。设备的维修费用分别为 $C_I = 5$,$C_P = 50$,$C_C = 100$,$C_d = 250$。

**1. 离线自适应维修优化结果**

当设备的变点时间分布已知,且变点发生时,设备能够立即告警,则可以通过求解离线自适应维修优化模型,获得最优解:$\Delta t^* = 4$,$L_1^* = 19$,$L_2^* = 10$,期望最小费用率 $C_{\text{aver}}^* = 5.49$。在 $L_1 = 19$,$L_2 = 10$ 下,图 4 – 4 给出了期望费用率随检测间隔的变化趋势。从图中可以看出随着检测间隔 $\Delta t$ 的增加,检测次数变少,期望费用率 $C_{\text{aver}}$ 先下降而后增加,并在 $\Delta t = 4$ 处达到最小值。这是因为随着检测间隔的增加,检测次数变少,期望费用率降低。而后,随着检测间隔的继续增加,期望费用率开始增加。这是由于检测间隔过大,使设备在检测间隔内发生故障的概率增加,导致维修费用增加。

**2. 在线自适应维修优化结果**

单独考虑模式 $M_1$ 下的维修优化,可以得到最优预防性维修阈值 $L_1 = 6$,检测间隔 $\Delta t = 18.5$,$C_{\text{aver}} = 3.12$。单独考虑模式 $M_2$ 下的维修优化,可以得到最优预防性维修阈值 $L_2 = 18$,检测间隔 $\Delta t = 2$,$C_{\text{aver}} = 11.32$。显然,对于具有 $M_1 \rightarrow M_2$ 退化突变的设备,选取设备的检测间隔 $\Delta t^* = 2$,$L_2^* = 18$,既可以有效避免检测间隔过大导致模式 $M_2$ 故障高发的问题,又可以实现 $M_2$ 下的费用最优。在检测间隔 $\Delta t = 2$ 时,图 4 – 5 所示为 CUSUM 算法的变点探测虚警率(记为 $P_{fa}$)随探测阈值 $c_\gamma$ 的变化趋势。从图 4 – 5 中可以看出当 $c_\gamma$ 接近 30 时,虚警率已经接近 0。因此,在求解在线自适应维修优化结果时,这里选取 $c_\gamma$ 的取值范围为 $[0,30]$。

在 $\Delta t^* = 2$,$L_2^* = 18$ 下,可以得到 $M_1$ 模式对应的最优预防性维修阈值为

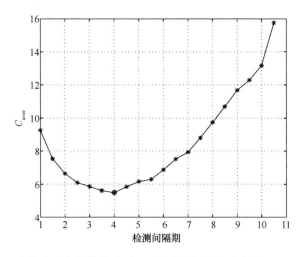

图4-4 离线自适应维修策略下 $C_{aver}$ 随检测间隔的变化($L_1 = 19, L_2 = 10$)

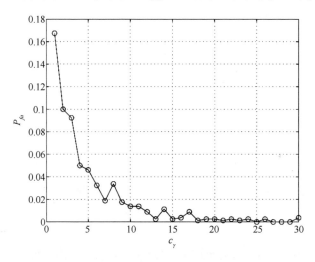

图4-5 $P_{fa}$ 随 $c_\gamma$ 的变化趋势

$L_1^* = 25$。因此,在给定 $\Delta t^* = 2$, $L_1^* = 25$, $L_2^* = 18$ 时,通过蒙特卡罗仿真算法-I 可以得到最小费用率 $C_{aver}^* = 6.3$,其对应的变点探测阈值 $c_\gamma^* = 24$。图4-6所示 为在线策略下的期望费用率 $C_{aver}$ 随变点探测阈值 $c_\gamma$ 的变化趋势。

通过对比离线模型和在线模型对应的最优结果发现,离线模型的最优期望 费用率优于在线模型的最优期望费用率($5.49 < 6.3$)。这是由于离线自适应模 型能够获知变点的分布且变点发生时刻能够立即告警,使得离线自适应策略能 够更加有效地应对退化突变。因此,尽量获取变点分布的有关信息,能够提高维 修效率,降低维修费用。

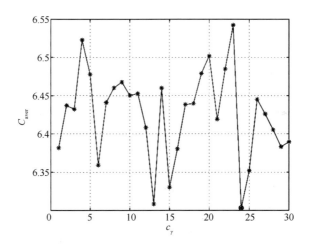

图 4 - 6  在线策略下含变点的自适应维修 $C_{aver}$ 变化曲线 ($\Delta t^* = 2, L_1^* = 25, L_2^* = 18$)

**3. 非自适应维修优化结果**

对于存在退化变点的设备,若不考虑退化突变的存在,即假设设备的退化模式始终是 $M_1$,预防性维修阈值不会随退化模式的改变而自适应变化,这时可以计算得到设备的期望维修费用率。

首先,可以得到单独考虑模式 $M_1$ 下的维修优化结果:最优预防性维修阈值 $L_1 = 6$,检测间隔 $\Delta t = 18.5$。而后可以得到非自适应维修优化对应的最优期望费用率 $C_{aver} = 25.25$。

与在线自适应维修优化结果对比发现,非自适应维修对应的期望费用率远大于在线自适应维修优化的期望费用率($25.25 > 6.3$),从而证明了在线自适应维修优化的必要性和在线自适应维修策略的有效性。

# 4.4  含变点的竞争失效型设备维修优化

竞争失效在实际的设备中广泛存在,本节将在退化失效型设备的自适应维修优化模型基础上研究含变点的竞争失效型设备的自适应维修优化问题,并依据变点分布信息是否已知,将其划分为离线自适应维修优化和在线自适应维修优化。

## 4.4.1  离线自适应维修优化

当退化失效过程的变点分布已知,并且变点发生时间可以立即告警时,则可以采用离线维修优化方法对设备的维修决策变量进行优化。

**1. 维修策略**

(1) $\{X(t_{k-1}) < L_1 \cap X(t_k) \geqslant L \cap t_{k-1} < t_k \leqslant t_c\}$、$\{X(t_{k-1}) < L_2 \cap X(t_k) \geqslant L \cap t_c \leqslant t_{k-1} < t_k\}$ 或 $\{X(t_{k-1}) < L_1 \cap X(t_k) \geqslant L \cap t_{k-1} \leqslant t_c < t_k\}$，在设备发生冲击失效前（$N(t_k) = 0$），若上述任一事件发生，则在 $t_k$ 时刻对设备进行修复性维修，维修费用为 $C_C$。维修过后，设备修复如新。由于退化故障只能通过检测获知，所以将有一段故障延迟时间 $d(t)$。单位故障延迟时间的费用为 $C_d$。

(2) $\{X(t_{k-1}) < L_1 \cap L_1 \leqslant X(t_k) < L \cap t_{k-1} < t_k \leqslant t_c\}$、$\{X(t_{k-1}) < L_1 \cap L_2 \leqslant X(t_k) < L \cap t_{k-1} \leqslant t_c < t_k\}$ 或 $\{X(t_{k-1}) < L_2 \cap L_2 \leqslant X(t_k) < L \cap t_c \leqslant t_{k-1} < t_k\}$，在设备发生冲击失效前（$N(t_k) = 0$），若上述任一事件发生，则在 $t_k$ 时刻对设备进行预防性维修，维修费用为 $C_P$。维修过后，设备修复如新。

(3) 若设备在 $t(t_{k-1} < t \leqslant t_k)$ 时刻发生冲击失效，且设备的退化状态满足 $\{X(t_{k-1}) < L_2 \cap t_c \leqslant t_{k-1}\}$、$\{X(t_{k-1}) < L_1 \cap t_{k-1} \leqslant t_c < t_k\}$ 或 $\{X(t_{k-1}) < L_1 \cap t_k \leqslant t_c\}$，则在 $t$ 时刻立即对设备进行修复性维修，维修费用为 $C_C$。维修后，设备修复如新。

(4) $\{X(t_k) < L_1 \cap t_k \leqslant t_c\}$ 或 $\{X(t_k) < L_2 \cap t_k > t_c\}$，在设备发生冲击失效前（$N(t_k) = 0$），若上述任一事件发生，则设备运行到下一检测时刻 $t_{k+1}$ 再进行维修决策。$t_k$ 时刻只进行检测，检测费用为 $C_I$。

**注意**：因为退化故障只能通过检测获知，所以冲击失效发生时，设备可能已经发生退化失效，即冲击失效和退化失效共存现象。在计算故障延迟时间时，将对这种情况进行考虑。

**2. 优化模型**

与含变点的退化失效型设备类似，这里同样以最小化期望费用率为优化目标，优化模型为

$$\text{Min} \quad C_{\text{aver}}(\Delta t, L_1, L_2)$$

$$\text{s. t.} \begin{cases} \Delta t > 0 \\ L_1 > L_2 > 0 \\ T_{SC} > 0 \end{cases} \tag{4-17}$$

由于修复性维修和预防性维修过后，设备的状态修复如新，依据更新酬劳定理，设备长期运行的期望费用率为

$$C_{\text{aver}}(L_1, L_2, \Delta t) = \frac{E[C(S)]}{E[S]} = \frac{C_I E[N_I(S)] + C_P P_P(S) + C_C P_C(S) + C_d E[d(S)]}{E[S]}$$

$$\tag{4-18}$$

由于考虑了冲击失效的影响，所以式（4-18）的计算与退化失效型系统的离线下的费用率计算有所不同。在给定变点分布的条件下，下面分别给出

$P_C(S)$、$P_P(S)$、$E[N_I(S)]$、$E[d(S)]$、$E[S]$的计算公式。

1) $P_C(S)$计算

退化失效或冲击失效都会引发设备进行修复性维修,因此,设备的更新周期 $S$ 以修复性维修结尾的概率可以表示为

$$P_C(S) = P_{DC}(S) + P_{SC}(S) \tag{4-19}$$

式中:$P_{DC}(S)$为更新周期 $S$ 以退化失效结尾的概率;$P_{SC}(S)$为更新周期 $S$ 以冲击失效结尾的概率。

依据竞争失效型设备的自适应维修策略,$P_{DC}(S)$可以表示为

$$
P_{DC}(S) = \sum_{k=1}^{\infty}
\begin{pmatrix}
P(X(t_{k-1}) < L_1 \cap X(t_k) \geqslant L \cap t_{k-1} < t_k \leqslant t_c \cap N(t_k) = 0) \\
+ P(X(t_{k-1}) < L_2 \cap X(t_k) \geqslant L \cap t_c \leqslant t_{k-1} < t_k \cap N(t_k) = 0) \\
+ P(X(t_{k-1}) < L_1 \cap X(t_k) \geqslant L \cap t_{k-1} \leqslant t_c < t_k \cap N(t_k) = 0)
\end{pmatrix}
$$

$$
= \sum_{k=1}^{\infty}
\begin{pmatrix}
(P(X(t_{k-1}) < L_1 \cap X(t_k) \geqslant L \cap t_{k-1} < t_k \leqslant t_c) \\
+ P(X(t_{k-1}) < L_2 \cap X(t_k) \geqslant L \cap t_c \leqslant t_{k-1} < t_k) \\
+ P(X(t_{k-1}) < L_1 \cap X(t_k) \geqslant L \cap t_{k-1} \leqslant t_c < t_k)) \times R_{SC}(t_k)
\end{pmatrix}
\tag{4-20}
$$

基于式(4-5)、式(4-7)可以得到 $P_{DC}(S)$ 的解析表达式。

$P_{SC}(S)$可以表示为

$$
P_{SC}(S) = \sum_{k=1}^{\infty}
\begin{pmatrix}
P(X(t_{k-1}) < L_2 \cap t_c \leqslant t_{k-1} < t_k \cap N(t_{k-1}) = 0 \cap N(t_k) > 0) \\
+ P(X(t_{k-1}) < L_1 \cap t_{k-1} \leqslant t_c < t_k \cap N(t_{k-1}) = 0 \cap N(t_k) > 0) \\
+ P(X(t_{k-1}) < L_1 \cap t_{k-1} < t_k \leqslant t_c \cap N(t_{k-1}) = 0 \cap N(t_k) > 0)
\end{pmatrix}
$$

$$
= (1 - R_{SC}(\Delta t)) \sum_{k=1}^{\infty}
\begin{pmatrix}
(P(X(t_{k-1}) < L_2 \cap t_c \leqslant t_{k-1} < t_k) + \\
P(X(t_{k-1}) < L_1 \cap t_{k-1} \leqslant t_c)) \times R_{SC}(t_{k-1})
\end{pmatrix}
\tag{4-21}
$$

其中

$$
P(X(t_{k-1}) < L_2 \cap t_c \leqslant t_{k-1} < t_k)
$$

$$
= \int_0^{t_{k-1}} \int_0^{L_2} \int_0^{z} f_{\alpha_1 t_c, \beta_1}(u) f_{\alpha_2(t_{k-1}-t_c), \beta_2}(z - u) f_c(t_c) \, du \, dz \, dt_c
$$

$$\tag{4-22}$$

$$
P(X(t_{k-1}) < L_1 \cap t_{k-1} \leqslant t_c) = \int_{t_{k-1}}^{\infty} \int_0^{L_1} f_{\alpha_1 t_{k-1}, \beta_1}(u) f_c(t_c) \, du \, dt_c \tag{4-23}
$$

依据式(4-22)和式(4-23)可以得到 $P_{SC}(S)$ 的解析表达式。

2）$P_P(S)$计算

考虑冲击失效的情况下，设备更新周期以 PM 结尾的概率的表达式为

$$P_P(S) = \sum_{k=1}^{\infty} \begin{pmatrix} P(X(t_{k-1}) < L_1 \cap L_1 \leq X(t_k) < L \cap t_{k-1} < t_k \leq t_c \cap N(t_k) = 0) \\ + P(X(t_{k-1}) < L_2 \cap L_2 \leq X(t_k) < L \cap t_c \leq t_{k-1} < t_k \cap N(t_k) = 0) \\ + P(X(t_{k-1}) < L_1 \cap L_2 \leq X(t_k) < L \cap t_{k-1} \leq t_c < t_k \cap N(t_k) = 0) \end{pmatrix}$$

$$= \sum_{k=1}^{\infty} R_{SC}(t_k) \begin{pmatrix} P(X(t_{k-1}) < L_1 \cap L_1 \leq X(t_k) < L \cap t_{k-1} < t_k \leq t_c) \\ + P(X(t_{k-1}) < L_2 \cap L_2 \leq X(t_k) < L \cap t_c \leq t_{k-1} < t_k) \\ + P(X(t_{k-1}) < L_1 \cap L_2 \leq X(t_k) < L \cap t_{k-1} \leq t_c < t_k) \end{pmatrix}$$

$$(4-24)$$

依据式（4-9）和式（4-11）可以得到 $P_P(S)$ 的概率。

3）$E[N_I(S)]$计算

基于 $P_P(S)$ 和 $P_C(S)$ 的表达式，设备更新周期 $S$ 内的期望检测次数的表达式为

$$E[N_I(T)] = \sum_{k=1}^{\infty} \begin{pmatrix} P(X(t_{k-1}) < L_1 \cap X(t_k) \geq L \cap t_{k-1} < t_k \leq t \cap N(t_k) = 0) \\ + P(X(t_{k-1}) < L_2 \cap X(t_k) \geq L \cap t_c \leq t_{k-1} < t_k \cap N(t_k) = 0) \\ + P(X(t_{k-1}) < L_1 \cap X(t_k) \geq L \cap t_{k-1} \leq t_c < t_k \cap N(t_k) = 0) \end{pmatrix} k$$

$$+ \sum_{k=1}^{\infty} \begin{pmatrix} P(X(t_{k-1}) < L_2 \cap t_c \leq t_{k-1} < t_k \cap N(t_{k-1}) = 0 \cap N(t_k) > 0) \\ + P(X(t_{k-1}) < L_1 \cap t_{k-1} \leq t_c \cap N(t_{k-1}) = 0 \cap N(t_k) > 0) \end{pmatrix} (k-1)$$

$$+ \sum_{k=1}^{\infty} \begin{pmatrix} P(X(t_{k-1}) < L_1 \cap L_1 \leq X(t_k) < L \cap t_{k-1} < t_k \leq t_c \cap N(t_k) = 0) \\ + P(X(t_{k-1}) < L_2 \cap L_2 \leq X(t_k) < L \cap t_c \leq t_{k-1} < t_k \cap N(t_k) = 0) \\ + P(X(t_{k-1}) < L_1 \cap L_2 \leq X(t_k) < L \cap t_{k-1} \leq t_c < t_k \cap N(t_k) = 0) \end{pmatrix} k$$

$$(4-25)$$

4）$E[d(S)]$计算

由于竞争失效下的设备退化故障只能通过检测获知，所以在进行修复性维修之前设备可能存在一段故障延迟时间 $d(t)$。依据竞争失效型设备的自适应维修策略，更新周期 $S$ 内的期望故障延迟时间可以表示为

$$E[d(S)] = E[d_1(S)] + E[d_2(S)] \tag{4-26}$$

式中：$E[d_1(S)]$ 为退化故障结尾时的期望故障延迟时间；$E[d_2(S)]$ 为冲击失效结尾时的期望故障延迟时间。

（1）$E[d_1(S)]$。

依据自适应维修策略和变点位置划分，退化故障结尾时间为 $t_k$ 时，期望故障延迟时间为 $d_1(k,S)$，有

$$d_1(k,S) = R_{SC}(t_k) \times \Bigg( \underbrace{\int_0^{L_1} f_{\alpha_1 t_{k-1}, \beta_1}(u)\, du \int_0^{\Delta t} (\Delta t - \omega) f_{L-u}(\omega \mid \alpha_1, \beta_1)\, d\omega \int_{t_k}^{\infty} f_c(t_c)\, dt_c}_{t_{k-1} < t_k \leq t_c}$$

$$+ \underbrace{\int_0^{t_{k-1}} \int_0^{L_2} \int_0^{z} \int_0^{\Delta t} (\Delta t - \omega) f_{L-z}(\omega \mid \alpha_2, \beta_2) f_{\alpha_1 t_c, \beta_1}(u) f_{\alpha_2(t_{k-1}-t_c),\beta_2}(z-u) f_c(t_c)\, d\omega\, du\, dz\, dt_c}_{t_c \leq t_{k-1} < t_k}$$

$$+ \underbrace{\int_{t_{k-1}}^{t_k} \int_0^{L_1} \int_0^{(t_c-t_{k-1})} (\Delta t - \omega) f_{L-u}(\omega \mid \alpha_1, \beta_1) f_{\alpha_1 t_{k-1}, \beta_1}(u) f_c(t_c)\, d\omega\, du\, dt_c}_{t_{k-1} < S \leq t_c < t_k}$$

$$+ \underbrace{\int_{t_{k-1}}^{t_k} \int_0^{L_1} \int_{(t_c-t_{k-1})}^{\Delta t} (\Delta t - \omega) f_{L-u}(\omega \mid \alpha_1, \beta_1, \alpha_2, \beta_2) f_{\alpha_1 t_{k-1}, \beta_1}(u) f_c(t_c)\, d\omega\, du\, dt_c}_{t_{k-1} < t_c < S \leq t_k} \Bigg)$$

$$(4-27)$$

则 $E[d_1(S)]$ 可以表示为

$$E[d_1(S)] = \sum_{k=1}^{\infty} d_1(k,S) \qquad (4-28)$$

(2) $E[d_2(S)]$。

依据自适应维修策略和变点位置划分,由冲击失效导致的期望故障延迟时间可以表示为

$$E[d_2(S)]$$
$$= \sum_{k=1}^{\infty} \big( d_2(k,S \mid t_{k-1} < t_k \leq t_c) + d_2(k,S \mid t_c \leq t_{k-1} < t_k) +$$
$$d_2(k,S \mid t_{k-1} < t_c < t_k) \big) \qquad (4-29)$$

其中

$$d_2(k,S \mid t_{k-1} < t_k \leq t_c)$$
$$= \int_{t_k}^{\infty} f_c(t_c)\, dt_c \int_0^{L_1} f_{\alpha_1 t_{k-1}, \beta_1}(u)\, du \int_0^{\Delta t} \int_0^{(\Delta t - \omega)} t R_{SC}(t_{k-1} + \omega) \lambda e^{-\lambda t} f_{L-u}(\omega \mid \alpha_1, \beta_1)\, dt\, d\omega$$

$$(4-30)$$

$$d_2(k,S \mid t_c \leq t_{k-1} < t_k)$$
$$= \int_0^{t_{k-1}} \int_0^{L_2} \int_0^{z} f_{\alpha_1 t_c, \beta_1}(u) f_{\alpha_2(t_{k-1}-t_c),\beta_2}(z-u) f_c(t_c) \left( \int_0^{\Delta t} \int_0^{(\Delta t - \omega)} \begin{aligned} &t R_{SC}(t_{k-1} + w) \times \\ &f_{L-z}(\omega \mid \alpha_2, \beta_2) \lambda e^{-\lambda t}\, d\omega\, dt \end{aligned} \right) du\, dz\, dt_c$$

$$(4-31)$$

76

$$d_2(k,S \mid t_{k-1} < t_c < t_k)$$

$$= \underbrace{\int_{t_{k-1}}^{t_k} \int_0^{L_1} \int_0^{t_c - t_{k-1}} R_{SC}(t_{k-1} + \omega) f_{L-u}(\omega \mid \alpha_1, \beta_1) f_{\alpha_1 t_{k-1}, \beta_1}(u) \left( \int_0^{(\Delta t - \omega)} t \lambda e^{-\lambda t} dt \right) f_c(t_c) d\omega du dt_c}_{t_{k-1} \leqslant T_L \leqslant t_c < t_k} +$$

$$\underbrace{\int_{t_{k-1}}^{t_k} \int_0^{L_1} \int_{t_c - t_{k-1}}^{\Delta t} f_{\alpha_1 t_{k-1}, \beta_1}(u) R_{SC}(t_{k-1} + \omega) f_{L-u}(\omega \mid \alpha_1, \beta_1, \alpha_2, \beta_2) \left( \int_0^{(\Delta t - \omega)} t \lambda e^{-\lambda t} dt \right) f_c(t_c) d\omega du dt_c}_{t_{k-1} < t_c \leqslant T_L \leqslant t_k}$$

$$(4-32)$$

5）$E[S]$ 计算

依据 $P_P(S)$ 和 $P_C(S)$ 得设备更新周期 $S$ 的期望时间长度的表达式为

$$E[S] = \sum_{k=1}^{\infty} \left( \begin{array}{l} P(X(t_{k-1}) < L_1 \cap X(t_k) \geqslant L \cap t_{k-1} < t_k \leqslant t_c \cap N(t_k) = 0) \\ + P(X(t_{k-1}) < L_2 \cap X(t_k) \geqslant L \cap t_c \leqslant t_{k-1} < t_k \cap N(t_k) = 0) \\ + P(X(t_{k-1}) < L_1 \cap X(t_k) \geqslant L \cap t_{k-1} \leqslant t_c < t_k \cap N(t_k) = 0) \end{array} \right) t_k$$

$$+ \sum_{k=1}^{\infty} \left( \begin{array}{l} P(X(t_{k-1}) < A_1 \cap A_1 \leqslant X(t_k) < L \cap t_{k-1} < t_k \leqslant t_c \cap N(t_k) = 0) \\ + P(X(t_{k-1}) < A_2 \cap A_2 \leqslant X(t_k) < L \cap t_c \leqslant t_{k-1} < t_k \cap N(t_k) = 0) \\ + P(X(t_{k-1}) < A_1 \cap A_2 \leqslant X(t_k) < L \cap t_{k-1} \leqslant t_c < t_k \cap N(t_k) = 0) \end{array} \right) t_k$$

$$+ E[T_{SC}] \tag{4-33}$$

式中：$E[T_{SC}]$ 为以冲击失效结尾时的更新周期的期望长度，即

$$E[T_{SC}] = \sum_{k=1}^{\infty} R_{SC}(t_{k-1})(t_{k-1} + \Delta T_{SC1} + \Delta T_{SC2}) \tag{4-34}$$

其中

$$\Delta T_{SC1} = \underbrace{\int_0^{t_{k-1}} \int_0^{L_2} \int_0^z \int_0^{\Delta t} f_{\alpha_1 t_c, \beta_1}(u) f_{\alpha_2 (t_{k-1} - t_c), \beta_2}(z - u) f_c(t_c) t \lambda e^{-\lambda t} dt du dz dt_c}_{t_c \leqslant t_{k-1} < t_k}$$

$$(4-35)$$

$$\Delta T_{SC2} = \underbrace{\int_{t_{k-1}}^{\infty} \int_0^{L_1} \int_0^{\Delta t} f_{\alpha_1 t_{k-1}, \beta_1}(u) f_c(t_c) t \lambda e^{-\lambda t} dt du dt_c}_{t_{k-1} \leqslant t_c} \tag{4-36}$$

通过式（4-19）和式（4-36）可以计算离线状况下含变点的竞争失效型设备的长期运行期望费用率。进而，可以得到 $\Delta t$、$L_1$ 和 $L_2$ 的最优值。

### 4.4.2　在线自适应维修优化

若检测前，无法获得退化变点的分布，则可以利用 CUSUM 算法在线探测设

备的退化变点发生时间,从而制定在线维修优化策略,提高维修决策的科学性和有效性。

**1. 维修策略**

含变点的竞争失效型设备的在线自适应维修的策略如下:

(1) $\{X(t_{k-1}) < L_1 \cap X(t_k) \geq L \cap t_{k-1} < t_k \leq t_{\text{detect}} \cap N(t_k) = 0\}$ 或 $\{X(t_{k-1}) < L_2 \cap X(t_k) \geq L \cap t_k > t_{k-1} \geq t_{\text{detect}} \cap N(t_k) = 0\}$,上述任一事件发生,则在 $t_k$ 时刻立即进行修复性维修,维修费用为 $C_C$。维修过后,设备修复如新。$t_{\text{detect}}$ 为变点报警时间 $T_{\text{detect}}$ 的实现值。

(2) $\{X(t_{k-1}) < L_1 \cap L_1 \leq X(t_k) < L \cap t_{k-1} < t_k \leq t_{\text{detect}} \cap N(t_k) = 0\}$ 或 $\{X(t_{k-1}) < L_2 \cap L_2 \leq X(t_k) < L \cap t_k > t_{k-1} \geq t_{\text{detect}} \cap N(t_k) = 0\}$,上述任一事件发生,则在 $t_k$ 时刻立即进行预防性维修,维修费用为 $C_P$。维修过后,设备修复如新。

(3) $\{X(t_{k-1}) < L_1 \cap N(t_{k-1}) = 0 \cap N(t_k) > 0 \cap t_{k-1} < t_k \leq t_{\text{detect}}\}$ 或 $\{X(t_{k-1}) < L_2 \cap N(t_{k-1}) = 0 \cap N(t_k) > 0 \cap t_k > t_{k-1} \geq t_{\text{detect}}\}$,上述任一事件发生,则设备在 $t$ 时刻发生冲击失效 $(t_{k-1} < t \leq t_k)$,立即对设备进行修复性维修,维修费用为 $C_C$。维修过后,设备修复如新。

(4) 若 $\{X(t_k) < L_1 \cap t_k \leq t_{\text{detect}} \cap N(t_k) = 0\}$ 或 $\{X(t_k) < L_2 \cap t_k > t_{\text{detect}} \cap N(t_k) = 0\}$ 发生,则设备继续运行到下一检测时刻 $t_{k+1}$ 再进行维修决策,当前时刻 $t_k$ 只进行检测,检测费用为 $C_I$。

(5) 由于设备的故障状态只能通过检测获得,所以从设备故障到更换,将有一段故障延迟时间 $d(t)$。单位故障延迟时间的费用为 $C_d$。

**2. 优化模型**

与模型式(4-16)类似,含变点的竞争失效型设备的在线自适应维修优化模型仍然是给定 $\{L_1^*, L_2^*, \Delta t^*\}$ 条件下的优化模型,其优化目标为最小化设备长期运行的期望费用率,具体形式如下:

$$\text{Min} \quad C_{\text{aver}}(c_\gamma \mid \Delta t^*, L_1^*, L_2^*)$$

$$\text{s. t.} \begin{cases} \Delta t^* > 0 \\ L_1^* > L_2^* > 0 \\ T_{SC} > 0 \end{cases} \quad (4-37)$$

竞争失效下的在线优化模型的求解方法如下:

(1) 通过单一退化模式和冲击过程构成的竞争失效下的维修优化算法得到退化模式 $M_2$ 下的最优决策变量 $L_2^*$ 和 $\Delta t^*$;

(2) 含冲击失效的退化模式 $M_1$ 下的检测间隔采用模式 $M_2$ 下得到的 $\Delta t^*$,

而后利用竞争失效下的维修优化仿真算法计算 $L_1^*$；

（3）利用下面的蒙特卡罗仿真方法 $-$ Ⅱ计算在线策略下最小期望费用率 $C_{aver}^*$ 和相应的 $c_\gamma^*$。

**竞争失效下的维修优化仿真算法**

**Begin**

初始化 $C_I, C_P, C_C, C_d, L, \alpha_1, \beta_1, \alpha_2, \beta_2, \text{Num}, \lambda$

**For** $L_a = 1, 2, \cdots, L$

  **For** $\Delta t = 1, 2, \cdots, \left\lfloor \dfrac{\beta_2 L}{\alpha_2} \right\rfloor$

**Define** $1 \times \text{Num}$ 的矩阵 $Ctemp_{1 \times \text{Num}}, Ttemp_{1 \times \text{Num}}$；

**Sample** $T_c$ from $F_c(t)$；

**Sample** $T_{sc}$ from 参数为 $\lambda$ 的指数分布；

**Generate** 具有 $T_c$ 的退化过程样本，$T_c$ 前密度函数为 $f_{\alpha_1 t, \beta}(x)$，$T_c$ 后密度函数为 $f_{\alpha_2 t, \beta}(x)$，并判断退化故障发生时刻 $T_L$；

  For $i = 1, 2, \cdots, \text{Num}$

$Cost = 0$；

$Time = 0$；

  **For** $insp = \Delta t, 2\Delta t \cdots \Delta t N_{\max}$

    **IF** $X(insp) \geqslant L_a$ && $X(insp) < L$

      **IF** $T_c > insp$

        $Cost = C_I \dfrac{insp}{\Delta t} + C_P$；

        $Time = insp$；

        Break；

      **End**

      **IF** $T_c \leqslant insp$

        $Cost = C_I \left\lfloor \dfrac{T_c}{\Delta t} \right\rfloor + C_C$；

        $Time = T_c$；

        Break；

      **End**

    **End**

    **IF** $X(insp) \geqslant L$

      **IF** $T_c > insp$

$$Cost = C_I \frac{insp}{\Delta t} + (insp - T_L) C_d + C_C;$$

$Time = insp;$

Break;

**End**

**IF** $T_c \leqslant insp$

    **IF** $T_c \geqslant T_L$

$$Cost = C_I \left\lfloor \frac{T_c}{\Delta t} \right\rfloor + (insp - T_c) C_d + C_C;$$

    **Else**

$$Cost = C_I \left\lfloor \frac{T_c}{\Delta t} \right\rfloor + C_C;$$

    **End**

$Time = T_c;$

Break;

    **End**

**End**

**IF** $X(insp) < L_a \,\&\&\, T_c \leqslant insp$

$$Cost = C_I \left\lfloor \frac{T_c}{\Delta t} \right\rfloor + C_C;$$

$Time = T_c;$

Break;

    **End**

**End**

$Ctemp[i] = Cost;$

$Ttemp[i] = Time;$

    **End**

**Output**: $\overline{C} = \dfrac{1}{\text{Num}} \displaystyle\sum_{i=1}^{Num} \dfrac{Ctemp[i]}{Ttemp[i]}$

  **End**

**End**

选取最小的 $\overline{C}$ 对应的 $insp$ 和 $L_a$ 作为最优检测间隔和预防性维修阈值。

注：$L_a$ 为预防性维修阈值；Num 为循环次数；$insp$ 表示检测时间；$\Delta t$ 为检测间隔；$N_{\max}$ 为一足够大得数，确保系统能够更新；$\lfloor v \rfloor$ 为取整运算，表示 $v$ 包含的整数部分。

80

**蒙特卡罗仿真方法 – Ⅱ**

步骤1:从变点分布 $F_c(t)$ 中抽样生成变点发生时间 $T_c$,$T_c$ 前 Gamma 过程密度函数为 $f_{\alpha_1 t, \beta}(x)$,$T_c$ 后 Gamma 过程密度函数为 $f_{\alpha_2 t, \beta}(x)$,并利用 Gamma 过程仿真方法生成具有变点的退化样本。

步骤2:判断退化故障发生时刻 $T_L$,并利用 CUSUM 算法获取变点发生时刻 changetime,从参数为 $\lambda$ 的指数分布中抽取冲击失效时间 $T_{sc}$。

步骤3:当 $X(\text{changetime}) < L_2$ 时,计算设备更新周期内的总费用 $\text{Cost}_{1,i}$ 和更新周期长度 $\text{Cycle}_{1,i}$;

当 $L_2 \leqslant X(\text{changetime}) < L_1$ 时,计算设备更新周期内的总费用 $\text{Cost}_{2,i}$ 和更新周期长度 $\text{Cycle}_{2,i}$;

当 $L_1 \leqslant X(\text{changetime}) < L$ 时,计算设备更新周期内的总费用 $\text{Cost}_{3,i}$ 和更新周期长度 $\text{Cycle}_{3,i}$;

当 $X(\text{changetime}) \geqslant L$ 时,计算设备更新周期内的总费用 $\text{Cost}_{4,i}$ 和更新周期长度 $\text{Cycle}_{4,i}$。

步骤4:重复步骤1到步骤4 $i = \text{Num}$ 次。

步骤5:计算 $\overline{C} = \dfrac{1}{\text{Num}} \sum\limits_{i=1}^{\text{Num}} \sum\limits_{k=1}^{4} \dfrac{\text{Cost}_{k,j}}{\text{Cycle}_{k,j}}$。

步骤6:$c_\gamma$ 从 1~30 变化,每次取值都重复计算步骤1到步骤5。

步骤7:选取最小的 $\overline{C}$ 为 $C_{\text{aver}}^*$,其对应的 $c_\gamma$ 作为最优变点探测阈值。

注:步骤3中设备的更新原因包括退化失效、冲击失效和预防性更换。

### 4.4.3 算例

这里仍以4.3.2节的设备为例,分析含退化变点的系统在竞争失效模式下的维修优化。假设设备除了退化失效模式外,还存在冲击失效模式,冲击达到率 $\lambda = 0.001$。

**1. 离线自适应维修优化**

通过求解离线自适应维修优化模型,可以得到,最优解检测间隔为 $\Delta t^* = 4$,最优预防性维修阈值分别为 $L_1^* = 20$、$L_2^* = 11$,实现的最优期望费用率为 $C_{\text{aver}}^* = 5.81$。图4-7所示为在 $L_1 = 20$,$L_2 = 11$ 下期望费用率 $C_{\text{aver}}$ 随检测间隔的变化趋势。

从图4-7可以看出,期望费用率 $C_{\text{aver}}$ 随着检测间隔的增加总体上呈先降后升的趋势,并在 $\Delta t = 4$ 处达到最小值。这是因为随着检测间隔的增加,检测次数变少,期望费用率降低。而后,随着检测间隔的继续增加,设备在检测间隔内发生故障的概率增加,从而导致维修费用增加,使期望费用率呈上升趋势。与

81

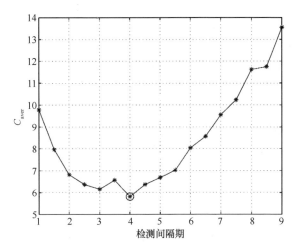

图 4 - 7　离线策略下期望费用率 $C_{aver}$ 随检测间隔的变化曲线 ($L_1 = 20, L_2 = 11$)

图 4 - 4 比较, 图 4 - 7 中的曲线具有波动现象, 这是突发失效对期望费用率造成的随机影响。另外, 与不考虑突发失效的离线自适应维修优化结果相比 (表 4 - 1), 考虑突发失效后的期望费用率升高了 (5.81 > 5.49), 预防性维修阈值 $L_1$ 和 $L_2$ 的取值都增加了, 而检测间隔保持不变。其中, 期望费用率升高主要是由于突发失效触发的维修费用导致了设备期望费用率的增加。检测间隔只对退化失效过程有效而不影响突发失效的发生, 因此保持不变。另外, 优化模型通过提高预防性维修阈值的方式延长了设备预防性维修周期的长度从而降低了突发失效对期望费用率增加的影响。

表 4 - 1　两个离线优化模型优化结果对比

| | $\Delta t^*$ | $L_1^*$ | $L_2^*$ | $C_{aver}^*$ |
|---|---|---|---|---|
| 竞争失效离线 | 4 | 20 | 11 | 5.81 |
| 退化失效离线 | 4 | 19 | 10 | 5.49 |

**2. 在线自适应维修优化**

考虑存在突发失效的退化模式 $M_1$ 下的维修优化, 可以得到最优预防性维修阈值 $L_1 = 8$, 检测间隔 $\Delta t = 19.5$, $C_{aver} = 3.43$。考虑存在突发失效的退化模式 $M_2$ 下的维修优化, 可以得到最优预防性维修阈值 $L_2 = 15$, 检测间隔 $\Delta t = 3$, $C_{aver} = 11.69$。与非竞争失效下在线自适应维修优化的处理方法类似, 这里选取设备的检测间隔 $\Delta t^* = 3$, $L_2^* = 15$。在 $\Delta t^* = 3$, $L_2^* = 15$ 下, $M_1$ 模式对应的最优预防性维修阈值为 $L_1^* = 21$。利用蒙特卡罗仿真方法 - Ⅱ 可以得到在 $\Delta t^* = 3$、$L_1^* = 21$、$L_2^* = 15$ 下, 最小期望费用率 $C_{aver}^* = 6.37$, 对应的 CUSUM 算法检测阈值

$c_\gamma^* = 10$。图 4 – 8 所示为考虑竞争失效的在线自适应维修优化的期望费用率 $C_{aver}$ 随变点探测阈值 $c_\gamma$ 的变化趋势。与竞争失效型设备的离线模型优化结果相比,在线模型得到的最优期望费用率大于离线模型得到的期望费用率(6.37 > 5.81)。这是由于离线优化模型已知变点分布,能够实现全局最优,而在线优化模型无法获知变点分布信息,其优化结果是有条件的最优。

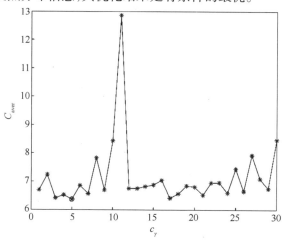

图 4 – 8　竞争失效下期望费用率 $C_{aver}$ 随 $c_\gamma$ 的变化曲线($\Delta t = 3, L_1 = 21, L_2 = 15$)

考虑竞争失效与不考虑竞争失效的优化结果具有很大的不同,如表 4 – 2 所列。竞争失效下的在线优化模型的最优期望费用率大于退化失效下的在线模型的最优期望费用率(6.37 > 6.3)。

表 4 – 2　两个在线优化模型优化结果对比

|  | $\Delta t^*$ | $L_1^*$ | $L_2^*$ | $C_{aver}^*$ | $c_\gamma^*$ |
|---|---|---|---|---|---|
| 竞争失效在线 | 3 | 21 | 15 | 6.37 | 10 |
| 退化失效在线 | 2 | 25 | 18 | 6.3 | 24 |

这是由于竞争失效下的在线优化模型通过以下方式降低了突发失效对设备期望费用率增加的影响:①减小预防性维修阈值 $L_1$、$L_2$ 和 $c_\gamma$ 来缩短预防性维修周期的长度,从而降低突发失效在预防性维修周期发生的概率;②通过增加检测间隔 $\Delta t$ 的方式,减少设备更新周期内的检测次数。

# 本 章 小 结

设备在退化过程中由于自身退化特点或外界环境等的影响,退化模式会发生突变,若忽略变点的存在可能会导致严重事故的发生。目前针对退化过程存在突变的设备的维修优化问题研究较少。本章考虑了设备的退化速率存在突然加速的情况,分别建立了基于非平稳独立增量过程的 PM 阈值自适应变化的离线维修优化模型和在线维修优化模型。首先分别建立了含变点的退化失效以及含变点的竞争失效下的可靠度模型。针对单一退化失效的情况,建立了 PM 阈值随退化模式自适应调整的离线维修优化模型;而后利用 CUSUM 算法建立了在线自适应维修优化模型,通过算例对比了离线和在线结果的不同。之后,进一步建立了含变点的竞争失效型设备的离线维修优化模型和在线维修优化模型,通过算例分析了竞争失效对维修决策的影响。

# 第5章 复杂设备典型预防性维修 工作组合间隔期优化模型

复杂设备通常由多个部件构成,对应多项预防性维修工作。如果按照单部件进行优化建模,所得出的最佳维修间隔期一般都不尽相同,甚至相差很大。因此,需要探索适合复杂设备的维修策略,并结合维修工作的特点构建相应的数学决策模型,从系统整体上对维修工作间隔期进行优化。

## 5.1 复杂设备预防性维修工作的组合策略

在制订设备的维修大纲时,为了便于故障预防工作的计划、组织、实施,通常会调整基于单部件模型得出的预防性维修工作周期,然后将不同部件的故障预防工作组合在一起实施。然而,怎样制定一个优化计划去组合不同的故障预防工作,才能保证总体维修效果的最优呢?

### 5.1.1 维修工作组合优化的依据

实际工作中,维修工作的优化主要是依靠经验或结合现行维修制度简单地将周期相近的工作组合在一起,而对组合是否合理、组合后工作周期的优化缺乏深入的分析。包括广泛应用于民用设备与军用装备的以可靠性为中心的维修(RCM)分析方法,对于如何综合优化维修工作也只是给出了诸如"将维修工作并入相邻的预定间隔期""对于有安全性影响和任务性影响的维修工作所并入的预定间隔期不应长于分析得到的间隔期"等一些原则性指导。

可见,目前复杂设备的维修工作组合优化多为主观决策,无定量依据,难以确保决策的科学性与准确性。通过以前的决策模型确定出了部件的单项维修工作及其间隔期,但是根据系统科学的观点,整体维修决策不等于各部分维修决策之和,单项工作间隔期最优也并不能保证总体维修效果的最优。因此,需要从系统整体的观点和角度来进行分析和决策。要制订复杂设备总体维修效果最优的工作组合计划,首先要分析实施维修工作组合的依据。

对于许多复杂设备而言,每次维修工作的实施,都需要很高的准备费用,并会因设备停机而产生大量的停机时间和停机损失。由于设备内各部件的故障规律与特性不同,各部件的预防维修工作的间隔期也不同,若按照这些不同的间隔来执行设备维修,必然会造成设备的频繁停机。解决这一问题的有效方法就是将维修工作进行合理有机分组,以减少停机次数,降低维修费用。

因此,从系统角度进行复杂设备预防性维修工作的组合,运用科学解析的方法来确定最优的维修工作组合方案,可以降低总体维修费用,减少设备停机时间;同时也有利于资源的管理和操作,便于维修工作的计划、组织与实施。无论从设备可用性还是费用的角度来看,组合维修策略都是优化设备维修决策的一种有效手段,不仅为维修制度的制订提供了依据,而且也可直观定量地判断采用优化方法后相对以前主观决策所带来的收益。

### 5.1.2 维修工作组合优化的方法

在本书中,对复杂设备维修工作的组合优化基于所优化工作间隔期的差异采取两种策略:固定组合维修策略和优化组合维修策略。采用固定组合维修策略,即到了设备的基本维修周期,对所有的部件一起实施预防性维修工作,不管其新旧程度如何;采用优化组合维修策略,则将设备的基本维修周期设定成最小维修间隔,各部件的维修间隔调整为这个最小间隔的倍数,从而使设备的维修工作分成多个不同的组合。

实际上,固定组合维修是优化组合维修的一种特例,因为若经优化后各部件的间隔期恰好都等于设备的基本维修周期,那么两种维修策略是一样的。

在未采取工作组合时,确定出设备内各部件的故障影响后,分别对其建立风险、可用度或费用模型,从而得出最优的维修间隔期。在采取组合维修后,则应根据具体维修工作和组合维修的特点,对设备从整体上分析其维修费用结构和组成,并结合可靠度、可用度等约束条件,建立复杂设备组合维修策略下的决策优化模型。

具体地讲,复杂设备维修工作的优化方法与步骤如下:

(1)首先判定设备内各部件的故障影响(安全性影响、任务性影响或是经济性影响),从而确定其维修决策的目标(可靠度、可用度或费用率)。

(2)在上述决策目标下,基于单部件维修模型(风险模型、可用度模型或费用模型)优化部件的维修间隔期 $T_i$。

(3)根据上面得出的维修间隔期的差异程度,采用相应的组合策略(固定组合或优化组合策略)。对于固定组合维修策略,所有部件间隔期都取 $T_S$;在优化组合策略下,则设 $T_S$ 为设备的基本维修周期,将各部件的维修间隔调整为其整数倍。

（4）对设备从整体上分析其维修费用结构和组成，建立复杂设备组合维修策略下的费用优化模型。对于具有安全性和任务性影响的部件，还需考虑由于工作组合所造成的维修间隔期缩短或延长对部件的影响。若采用调整后的维修周期可满足其决策要求则采用新的维修周期；否则，其不参与组合维修。

### 5.1.3 维修工作组合的影响

维修工作的组合实施，使得在进行复杂设备维修优化模型的构建和计算时，要对组合维修工作的影响进行定量描述和表示。

在进行设备维修工作时，不同的组合方法会导致设备准备活动的不同。在固定组合维修时，每次进行的预防性维修工作都相同，所需的设备准备活动也一样，称为统一准备活动，此时的准备费用以及造成的停机损失固定不变；而在优化组合维修时，由于每次的工作组合未必相同，对不同部件的组合维修会需要不同的准备活动，称为复合准备活动，此时的准备费用也是复合的，而且每次造成的停机损失也不一定相等。

目前多数研究中为了简便起见，都对维修工作的组合采用统一准备活动来处理，而关于复合准备活动的文献则较少。作者对工程中的实施维修情况进行了调研，发现在实践中维修活动所造成的损失一般是与设备停机进行维修的工时成正比的。因此，为了使建模更加符合维修实际，可通过组合后设备停机工时与单位工时停机损失费用的乘积来定量衡量与计算其导致的设备停机损失。

本章所研究的是最简单的一种情况——设备内各部件故障独立，且每个部件只采取一项维修工作时的维修建模。在此基础上，将在后面章节研究部件采取复合维修工作、部件之间故障发生相关等情况下的维修建模。

## 5.2 长期使用条件下复杂设备典型维修工作周期优化模型

预防性维修工作有多种方式，涉及间隔期制订的主要有两类工作：一类是定期更新工作；另一类是检查工作。定期更新工作适用于具有耗损期的产品，在进入耗损期前对其进行维修。检查工作则一般解决存在功能退化过程的故障模式，将功能故障的形成划分成两个阶段来处理。本书以定期更新工作中的定期更换和检查工作中的功能检测两种典型维修工作类型作为代表来进行维修分析。同时，结合实际情况，分别对其建立长期使用条件下和短期使用条件下的维修周期决策模型。

### 5.2.1 复杂设备定期更换周期优化模型

作为一种有效而常见的预防性维修工作,定期更换非常适合于具有耗损故障模式的故障率递增(Increasing Failure Rate,IFR)产品的维修。它通过在预定的时间间隔上对产品进行计划更换,使其恢复到初始状态。对于单部件设备而言,通常包括工龄更换和成组更换两种形式。进行维修工作组合时由于多项工作同时进行,所以多采用成组更换,即以 $T$ 为间隔期在预定时间 $k \cdot T$(其中 $k = 1, 2, 3, \cdots$)进行预防更换。

**1. 符号与假设**

(1)按照预定间隔期对部件进行预防性更换,期间若发生故障则进行维修,修复如新;

(2)设备共有 $L$ 个部件,其中部件 $i$ 的故障率函数、分布密度函数和累积分布函数分别为 $h_i(t)$、$f_i(t)$ 和 $F_i(t)$;

(3)$C_{ri}$ 为部件 $i$ 定期更换的费用;

(4)$C_{fi}$ 为部件 $i$ 故障后修复性维修及造成设备损失的总费用;

(5)$D_{ri}$ 为部件 $i$ 定期更换的准备费用和导致的设备损失;

(6)$D_{Sr}$ 为设备组合维修工作的准备费用和导致的设备损失;

(7)$\lfloor * \rfloor$ 为对 $*$ 向下取整;

(8)$CR_i(T_{ri})$ 为部件 $i$ 以周期 $T_{ri}$ 进行成组维修时,长期使用条件下单位时间的期望维修费用;

(9)$CR_S(T_{Sr})$ 为设备以周期 $T_{Sr}$ 进行组合维修时,长期使用条件下单位时间的期望维修费用;

(10)$T_{ri}^*$ 为部件 $i$ 根据单部件模型得出的费用最优维修周期;

(11)$T_{Sr}^*$ 为设备在组合维修时得出的费用最优维修周期;

(12)$T_{pi}$ 为部件 $i$ 预防性更换所需时间;

(13)$T_{fi}$ 为部件 $i$ 故障更换所需时间;

(14)$T_{Sp}$ 为设备进行预防性更换组合所需时间;

(15)$P_{bi}(T_{ri}, t)$ 为部件 $i$ 以周期 $T_{ri}$ 进行成组维修时,在任一时刻 $t$ 之前的故障风险;

(16)$A_i(T_{ri})$ 为部件 $i$ 以周期 $T_{ri}$ 进行成组维修时,长期使用条件下的可用度。

**2. 长期使用条件下定期更换基本模型**

尽管目前关于定期更换维修模型的研究已经比较成熟,但由于其从单部件的角度来分析,往往忽略了定期更换工作的准备费用和导致的设备停机损失,或者即使考虑到了也没有明确地从系统整体角度来建模。因此,这里从复杂设备的角度重新建立其维修费用模型;同时,为了后续优化工作的顺利进行,也给出了其可用度模型和风险模型。

1) 定期更换维修费用模型

由于部件的定期更换是一个更新过程,因此在长期使用条件下其单位时间内的期望费用可根据更新报酬理论得出,即

$$CR_i(T_{ri}) = \frac{E[一个更新周期中的报酬]}{E[一个更新周期的时间]} = \frac{C_{fi} \cdot EN_{bi}(T_{ri}) + C_{ri} + D_{ri}}{T_{ri} + T_{pi}}$$

$$(5-1)$$

式中:$EN_{bi}(T_{ri})$ 为更换周期 $T_{ri}$ 内的期望故障次数。

这里需要说明的是:部件的预防更换时间相对于其更换周期很小,且对于模型的构建和优化结果没有本质影响,因此为了方便和简化建模,许多维修费用和风险模型中常常忽略预防更换的时间;而其对可用度的影响是不可忽略的,在建立可用度模型时必须充分重视和考虑。

根据建模假设,部件发生故障进行修复如新,则故障率重新归零,因此有

$$EN_b(t) = \int_0^t [1 + EN_b(t-x)]\mathrm{d}F(x) \qquad (5-2)$$

将式(5-2)代入式(5-1),并对 $T_{ri}$ 进行优化,可得出使单位时间期望维修费用最小的最优更换周期 $T_{ri}^*$。

若不进行维修工作组合,每次的维修工作都需设备停机,此时设备单位时间内的平均费用为

$$CR_{S0} = \sum_{i=1}^{L} CR_i(T_{ri}^*) \qquad (5-3)$$

2) 定期更换的风险模型

对于具有安全性影响的部件,需建立其进行定期更换时的风险模型。在长期使用条件下,若用 $P_{bi}(T_{ri},t)$ 表示部件 $i$ 在 $t$ 时刻之前不发生故障的概率,则有

$$P_{bi}(T_{ri},t) = 1 - \overline{P_{bi}(T_{ri},t)}$$

当 $t \leq T_{ri}$ 时,有

$$\overline{P_{bi}(T_{ri},t)} = R(t)$$

当 $T_{ri} \leq t \leq 2T_{ri}$ 时,有

$$\overline{P_{bi}(T_{ri},t)} = R(T_{ri}) \cdot R(t-T_{ri})$$

当 $2T_{ri} \leqslant t \leqslant 3T_{ri}$ 时，有
$$\overline{P_{bi}(T_{ri},t)} = R^2(T_{ri}) \cdot R(t-2T_{ri})$$
当 $nT_{ri} \leqslant t \leqslant (n+1)T_{ri}$ 时，有
$$\overline{P_{bi}(T_{ri},t)} = R^n(T_{ri}) \cdot R(t-nT_{ri})$$
因此
$$P_{bi}(T_{ri},t) = 1 - \overline{P_{bi}(T_{ri},t)} = 1 - R^n(T_{ri}) \cdot R(t-nT_{ri}) \qquad (5-4)$$
式中：$n$ 为 $t$ 时刻前进行成组更换的次数，$n = \left| \dfrac{t}{T_{ri}} \right|$。

如果设备中若干个部件需要满足安全性要求，则需要对其故障风险进行约束，即要满足 $\{P_{bi}(T_{ri},t)\} \leqslant \{P_{0i}\}$。这里的 $\{P_{bi}(T_{ri},t)\}$ 是一个列向量，代表所有具有安全性影响的部件的风险概率；而 $\{P_{0i}\}$ 则代表这些部件相应的安全性要求。

所以对于设备来说，风险模型为
$$\{1 - R^n(T_{ri}) \cdot R(t-nT_{ri})\} \leqslant \{P_{0i}\} \qquad (5-5)$$

3）定期更换的可用度模型

对于可用度模型，部件的预防性更换时间不可忽略。根据再生过程理论，可用度可表示为
$$\frac{E[\text{一个更新周期中处于工作状态的时间}]}{E[\text{一个更新周期的时间}]}$$
因此有部件 $i$ 的可用度为
$$A_i(T_{ri}) = \frac{T_{ri} - ET_{fi}(T_{ri})}{T_{ri} + T_{pi}} \qquad (5-6)$$
式中：$ET_{fi}(T_{ri})$ 为部件 $i$ 在更换周期 $T_{ri}$ 内的期望停机时间。

若部件的更换周期相比其故障维修时间还短，则发生故障后不进行维修，此时其期望停机时间可表示为
$$ET_f(t) = \int_0^t (t-x)\,\mathrm{d}F(x)$$

若部件的更换周期长于其故障维修时间，则发生故障后进行维修，此时期望停机时间可表示为
$$ET_f(t) = \int_0^{t-T_f} (T_f + ET_f(t-T_f-x))\,\mathrm{d}F(x) + \int_{t-T_f}^t (t-x)\,\mathrm{d}F(x)$$

综合之，可得

90

$$ET_f(t) = \begin{cases} \int_0^t (t-x)\,\mathrm{d}F(x), & t \le T_f \\ \int_0^{t-T_f} (T_f + ET_f(t-T_f-x))\,\mathrm{d}F(x) + \int_{t-T_f}^t (t-x)\,\mathrm{d}F(x), & t > T_f \end{cases}$$

$$(5-7)$$

如果设备中若干个部件需要满足任务性要求,则需要对其可用度进行约束,其要满足 $\{A(T_{ri})\} \ge \{A_{0i}\}$。同样,这里的 $\{A_i(T_{ri})\}$ 是一个列向量,代表所有具有任务性影响部件的可用度;而 $\{A_{0i}\}$ 则代表这些部件相应的任务性要求。

**3. 固定组合维修策略下复杂设备定期更换周期优化模型**

固定组合维修,适用于拆装费用高、准备费用昂贵的情况。在该策略下,所有的部件都采用相同的维修周期,同时进行维修,从而减少停机次数,降低停机损失,如图 5-1 所示。

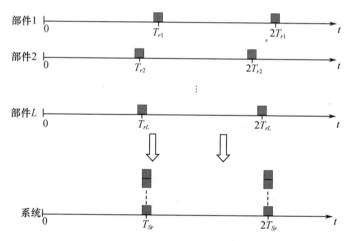

图 5-1 长期使用条件下复杂设备定期更换工作的
固定组合(■表示各项定期更换工作)

下面对定期更换分析其维修费用组成和结构,并建立数学模型,从而优化固定组合维修间隔期。

在固定组合维修策略下,设备维修费用可分为两部分:一是各部件的预防性更换和修复性维修及故障损失费用;二是设备组合更换的停机损失费用。这样,设备单位时间的期望维修费用可表示为

$$CR_S(T_{Sr}) = \frac{\sum_{i=1}^{L} [C_{fi} \cdot EN_{bi}(T_{Sr}) + C_{ri}] + D_{Sr}}{T_{Sr}}$$

$$= \frac{\sum_{i=1}^{L} [(T_{Sr} + T_{pi})CR_i(T_{Sr}) - D_{ri}] + D_{Sr}}{T_{Sr}} \quad (5-8)$$

对于具有任务性影响的部件,由于组合后设备组合更换的时间变为$T_{Sp}$,因此其任务性要求需相应调整为

$$A_i(T_{Sr}) = \frac{T_{Sr} - ET_{fi}(T_{Sr})}{T_{Sr} + T_{Sp}}$$

再结合部件的安全性约束,可得出设备维修周期的综合优化模型为

$$\begin{cases} \min CR_S(T_{Sr}) = \min\left\{ \sum_{i=1}^{L} \left[ \dfrac{C_{fi} \cdot \int_0^{T_{Sr}} [1 + EN_b(T_{Sr} - x)] \mathrm{d}F(x) + C_{ri}}{T_{Sr}} \right] + \dfrac{D_{Sr}}{T_{Sr}} \right\} \\ \text{s. t.} \\ \{1 - R_i^n(T_{Sr}) \cdot R_i(t - nT_{Sr})\} \leqslant \{P_{0i}\} \\ \left\{ \dfrac{T_{Sr} - ET_{fi}(T_{Sr})}{T_{Sr} + T_{Sp}} \right\} \geqslant \{A_{0i}\} \end{cases}$$

$$(5-9)$$

由式(5-9)可得出设备最优的组合更换周期$T_{Sr}^*$。

**4. 优化组合策略下复杂设备定期更换周期优化模型**

在前面复杂设备维修周期的优化决策中,采用的是相等维修周期的做法,这种处理方法主要基于这样一种假设:设备各维修工作的维修周期大致相等,相差不大。然而,在实际应用中,情况往往并非如此理想,常常会出现维修周期相差很大的情况,这时以前建立的模型就不再适用,需要对维修工作进行综合优化。

实施优化组合维修策略,是解决这一问题的有效方法。在该策略下,首先求出各部件独立假设下的最优间隔期,然后将各项工作的间隔期调整为设备维修间隔期的整数倍,就可使得对部分维修工作集中进行,从而减少设备停机损失,如图5-2所示。

这里的符号与假设和上文大致相同,不同之处主要是各部件经优化组合后,其维修间隔期并非都等于$T_{Sr}$,而是$T_{Sr}$的整数倍;而且,在固定组合维修策略下,由于将所有工作集中进行,所以组合工作的准备费用和设备损失相等,而优化组

92

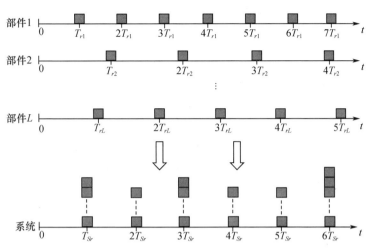

图 5 - 2  长期使用条件下复杂设备定期更换工作的
优化组合(■表示各项定期更换工作)

合后各个预防性维修时机所实施的工作不尽相同,其准备费用和设备损失也会
有所不同。因此,这里增加下列符号:

(1) $T_{Sri}$ 为部件 $i$ 经组合优化后的维修周期, $T_{Sri} = \left\lfloor \dfrac{T_{ri}}{T_{Sr}} \right\rfloor \cdot T_{Sr}$ 或

$\left( \left\lfloor \dfrac{T_{ri}}{T_{Sr}} \right\rfloor + 1 \right) \cdot T_{Sr}$ ;

(2) $m$ 为维修工作组合的组数;

(3) $D_{Srj}$ 为第 $j$ 组组合维修工作的准备费用和导致的系统损失。

此时,设备单位时间的期望维修费用可表示为

$$CR_S(T_{Sr}) = \sum_{i=1}^{L} \left[ \frac{C_{fi} \cdot \int_0^{T_{Sri}} [1 + EN_b(T_{Sri} - x)] \mathrm{d}F(x) + C_{ri}}{T_{Sri}} \right] + \sum_{j=1}^{m} \frac{D_{Srj}}{j \cdot T_{Sr}}$$

$$= \sum_{i=1}^{L} \left[ CR_i(T_{Sri}) - \frac{D_{ri}}{T_{Sri}} \right] + \sum_{j=1}^{m} \frac{D_{Srj}}{j \cdot T_{Sr}} \qquad (5-10)$$

对于具有安全性影响的部件,其风险模型为

$$P_{bi}(T_{Sri}, t) = 1 - R^n(T_{Sri}) \cdot R(t - nT_{Sri})$$

对于具有任务性影响的部件,由于每次组合维修的时间并不相等,这里取其
平均值 $\overline{T_{Sp}}$ 来将其可用度模型调整为

$$A_i(T_{Sri}) = \frac{T_{Sri} - ET_{fi}(T_{Sri})}{T_{Sri} + T_{Sp}}$$

这样,可得出设备维修周期的综合优化模型为

$$
\begin{cases}
\min CR_S(T_{Sr}) = \min\left\{ \sum_{i=1}^{L} \left[ \dfrac{C_{fi} \cdot \displaystyle\int_{0}^{T_{Sri}} [1 + EN_b(T_{Sri} - x)]\mathrm{d}F(x) + C_{ri}}{T_{Sri}} \right] + \sum_{j=1}^{m} \dfrac{D_{Srj}}{j \cdot T_{Sr}} \right\} \\[4mm]
\mathrm{s.\,t.} \\[2mm]
T_{Sri} = \left| \dfrac{T_{ri}}{T_{Sr}} \right| \cdot T_{Sr} \,\text{或}\left( \left| \dfrac{T_{ri}}{T_{Sr}} \right| + 1 \right) \cdot T_{Sr} \\[4mm]
\{1 - R_i^n(T_{Sri}) \cdot R_i(t - nT_{Sri})\} \leqslant \{P_{0i}\} \\[3mm]
\left\{ \dfrac{T_{Sri} - ET_{fi}(T_{Sri})}{T_{Sri} + T_{Sp}} \right\} \geqslant \{A_{0i}\}
\end{cases}
$$

$$(5-11)$$

由式(5-11)可得出设备的最优基本更换周期 $T_{Sr}^*$ 和各部件相应的更换周期 $T_{Sri}^*$,从而将部分维修工作集中实施,降低设备停机损失。

### 5.2.2 复杂设备功能检测周期优化模型

定期更换工作的组合固然可以便于管理,减少维修总费用。但是,过于僵化的固定时刻更换的机制对于个别部件来说也难免会造成维修不足或维修过剩,导致故障率过高或工龄浪费的发生。功能检测是解决这一问题的有效方法,它认为在通常情况下故障不是瞬间发生的,而应有一个功能退化过程;因此,可基于延迟时间的概念对部件的状态参数进行定期检测,在发现故障征兆时进行及时维修,从而达到在有效利用部件寿命和降低故障率的同时减少维修费用的目的。

同定期更换模型一样,目前的功能检测费用往往忽略了定期检测和预防维修导致的停机损失,本书将对其充分考虑。下面分析并建立其长期使用条件下的组合维修周期优化模型。

**1. 符号与假设**

(1)在预定间隔期对部件进行的功能检测为完全检测;

(2)对潜在故障、功能故障进行的修复,将完全恢复部件的功能,即修复如新;

94

（3）设备共有 $L$ 个部件；

（4）$U_i$ 为部件 $i$ 潜在故障发生时的使用时间，也称初始时间，其密度函数和分布函数分别为 $g_i(u)$ 和 $G_i(u)$；

（5）$H_i$ 为部件 $i$ 潜在故障发展到功能故障的使用时间，也称延迟时间，其密度函数和分布函数分别为 $f_i(h)$ 和 $F_i(h)$；

（6）$C_{ni}$ 为第 $i$ 个部件的功能检测费用；

（7）$C_{pi}$ 为第 $i$ 个部件的预防性更换费用及导致的设备损失；

（8）$C_{fi}$ 为第 $i$ 个部件发生故障后的修复性维修费用及导致的设备损失；

（9）$D_{ni}$ 为第 $i$ 个部件功能检测的准备费用和导致的设备停机损失；

（10）$D_{Sn}$ 为功能检测工作组合的准备费用和导致的设备停机损失；

（11）$CP_i(T_{ni})$ 为部件 $i$ 以周期 $T_{ni}$ 进行功能检测时，长期使用下单位时间的期望维修费用；

（12）$CP_S(T_{Sn})$ 为设备以周期 $T_{Sn}$ 进行组合维修时，长期使用下单位时间的期望维修费用；

（13）$T_{ni}^*$ 为部件 $i$ 根据单部件模型得出的费用最优维修周期；

（14）$T_{Sn}^*$ 为设备在组合维修时得出的费用最优维修周期；

（15）$T_{ki}$ 为部件 $i$ 进行功能检测所需时间；

（16）$T_{pi}$ 为部件 $i$ 预防性更换所需时间；

（17）$T_{fi}$ 为部件 $i$ 故障更换所需时间；

（18）$P_{bi}(T_{ni}, t)$ 为部件 $i$ 以周期 $T_{ni}$ 进行成组维修时，在任一时刻 $t$ 之前的故障风险；

（19）$A_i(T_{ni})$ 为部件 $i$ 以周期 $T_{ni}$ 进行成组维修时，长期使用下的可用度。

**2. 长期使用条件下功能检测基本模型**

1）功能检测维修费用模型

若不进行维修工作组合，根据更新报酬理论，长期使用条件下部件单位时间的期望费用为

$$CP_i(T_{ni}) = \frac{寿命周期内费用的期望值}{寿命周期期望长度} + \frac{功能检测停机损失}{功能检测周期}$$

如果在检测间隔期内发生潜在故障，那么该潜在故障或者在下次检测前发展为功能故障，或者会在下次检测时被发现。假设潜在故障发生时刻为 $u((q-1)T_{ni} < u < qT_{ni})$，则部件 $i$ 在 $((q-1)T_{ni}, qT_{ni})$ 之间发生功能故障的概率可表示为

$$P_{bi}((q-1)T_{ni}, qT_{ni}) = \int_{(q-1)T_{ni}}^{qT_{ni}} g_i(u) \, F_i(qT_{ni} - u) \mathrm{d}u \qquad (5-12)$$

部件 $i$ 在检测时发现潜在故障而进行更换的概率可表示为

$$P_{mi}(qT_{ni}) = \int_{(q-1)T_{ni}}^{qT_{ni}} g_i(u) \, R_i(qT_{ni} - u) \mathrm{d}u \qquad (5-13)$$

因此潜在故障发生在 $((q-1)T_{ni}, qT_{ni})$ 之内时部件 $i$ 寿命周期期望费用可表示为

$$EC_i((q-1)T_{ni}, qT_{ni}) = [(q-1) \cdot C_{ni} + C_{fi}] \cdot P_{bi}((q-1)T_{ni}, qT_{ni})$$
$$+ [q \cdot C_{ni} + C_{pi}] \cdot P_{mi}(qT_i)$$

寿命周期期望长度可表示为

$$ET_i((q-1)T_{ni}, qT_{ni}) = \int_{(q-1)T_{ni}}^{qT_{ni}} \int_0^{qT_{ni}-u} (u+h)g_i(u)f_i(h)\mathrm{d}h\mathrm{d}u + T_{ni} \cdot P_{mi}(qT_{ni})$$

$$(5-14)$$

综合所有可能的间隔期,可得到

$$CP_i(T_{ni}) = \frac{\sum\limits_{q=1}^{\infty} EC_i((q-1)T_{ni}, qT_{ni})}{\sum\limits_{q=1}^{\infty} ET_i((q-1)T_{ni}, qT_{ni})} + \frac{D_{ni}}{T_{ni}} \qquad (5-15)$$

即

$$CP_i(T_{ni}) = \frac{\sum\limits_{q=1}^{\infty} \left\{ [(q-1) \cdot C_{ni} + C_{fi}] \cdot P_{bi}((q-1)T_{ni}, qT_{ni}) + [q \cdot C_{ni} + C_{pi}] \cdot P_{mi}(qT_i) \right\}}{\sum\limits_{q=1}^{\infty} \left\{ \int_{(q-1)T_{ni}}^{qT_{ni}} \int_0^{qT_{ni}-u} (u+h)g_i(u)f_i(h)\mathrm{d}h\mathrm{d}u + T_{ni} \cdot P_{mi}(qT_{ni}) \right\}}$$
$$+ \frac{D_{ni}}{T_{ni}} \qquad (5-16)$$

对式 (5-16) 中的 $T_{ni}$ 进行优化,可得出使单位时间期望维修费用最小的最优更换周期 $T_{ni}^*$。若不进行维修工作组合,设备单位时间内的平均费用为

$$CP_{S0} = \sum_{i=1}^{L} CP_i(T_{ni}^*) \qquad (5-17)$$

2）功能检测的风险模型

如果部件故障具有安全性影响，则必须将其故障风险控制在可以接受的水平内，此时需要建立故障风险模型。用$\overline{P_{bi}(T_{ni},t)}$表示部件$i$在$t$时刻之前不发生故障的概率，则$P_{bi}(T_{ni},t) = 1 - \overline{P_{bi}(T_{ni},t)}$。

下面求解部件$i$在$t$时刻前不发生故障的概率，即部件的可靠度函数。

根据假设，部件潜在故障的检测是完善的，因此在$t \leqslant T_{ni}$时不发生功能故障的情况有以下两种：

情况1：$t$时刻前没有发生潜在故障，即$U_i \geqslant t$；

情况2：潜在故障发生在$(0,t)$之间，但在$t$时刻前并没有发生功能故障，即$0 < U_i < t \cap U_i + H_i > t$。

$$\Pr(\text{情况}1) = P(U_i > t) = 1 - \int_0^t g_i(u)\,\mathrm{d}u$$

$$\Pr(\text{情况}2) = P(0 < U_i < t \cap U_i + H_i \geqslant t) = \int_0^t g_i(u)[1 - F_i(t - u)]\,\mathrm{d}u$$

由$\overline{P_{bi}(T_{ni},t)} = \Pr(\text{情况}1) + \Pr(\text{情况}2)$可得，当$t \leqslant T_{ni}$时，有

$$\overline{P_{bi}(T_{ni},t)} = 1 - \int_0^t g_i(u)\,\mathrm{d}u + \int_0^t g_i(u)[1 - F_i(t - u)]\,\mathrm{d}u \qquad (5-18)$$

而在$t > T_{ni}$时，不发生功能故障的情况则有以下三种：

情况1：$t$时刻前没有发生潜在故障，即$U_i \geqslant t$；

情况2：潜在故障发生在$(k_i T_{ni},t)$之间，但在$t$时刻前并没有发生功能故障，即$k_i T_{ni} < U_i < t \cap U_i + H_i > t$（$k_i$表示$t$时刻前进行功能检测的次数，$k_i = \left|\dfrac{t}{T_{ni}}\right|$）；

情况3：潜在故障发生在两次连续检测$((j-1)T_{ni},jT_{ni})$之间，且在检测时刻$jT_{ni}$被发现，而在$(jT_{ni},t)$这一段时间里没有发生故障，此时相当于在$jT_{ni}$这一时刻更新，进行上述过程的嵌套和重现，即$(j-1)T_{ni} < U_i < jT_{ni} \cap U_i + H_i > jT_{ni} \cap (t - jT_{ni})$内不发生任何故障。

$$\Pr(\text{情况}1) = P(U_i > t) = 1 - \int_0^t g_i(u)\,\mathrm{d}u$$

$$\Pr(\text{情况}2) = P(k_i T_{ni} < U_i < t \cap U_i + H_i > t) = \int_{k_i T_{ni}}^t g_i(u)[1 - F_i(t - u)]\,\mathrm{d}u$$

$$\Pr(\text{情况}3) = \sum_{j=1}^{k_i}\left[\int_{(j-1)T_{ni}}^{jT_{ni}} g(u)[1 - F(jT_{ni} - u)]\,\mathrm{d}u \cdot \overline{P}_b(t - jT_{ni})\right]$$

此时，$\overline{P_{bi}(T_{ni},t)} = \mathrm{Pr}(情况\,1) + \mathrm{Pr}(情况\,2) + \mathrm{Pr}(情况\,3)$，所以当 $t > T_{ni}$ 时，有

$$\overline{P_{bi}(T_{ni},t)} = 1 - \int_0^t g_i(u)\,\mathrm{d}u + \int_{k_i T_{ni}}^t g_i(u)\left[1 - F_i(t - u)\right]\mathrm{d}u$$

$$+ \sum_{j=1}^{k_i} \left[ \int_{(j-1)T_{ni}}^{jT_{ni}} g(u)\left[1 - F(jT_{ni} - u)\right]\mathrm{d}u \cdot \overline{P_{bi}(T_{ni},t - jT_{ni})} \right]$$

$$(5-19)$$

综合之，可得部件 $i$ 任意时刻 $t$ 的可靠度 $\overline{P_{bi}(T_{ni},t)}$ 可由下式表示：

$$\overline{P_{bi}(T_{ni},t)} = \begin{cases} 1 - \displaystyle\int_0^t g_i(u)\,\mathrm{d}u + \int_0^t g_i(u)\left[1 - F_i(t - u)\right]\mathrm{d}u, & t \leqslant T_{ni} \\[4mm] 1 - \displaystyle\int_0^t g_i(u)\,\mathrm{d}u + \int_{k_i T_{ni}}^t g_i(u)\left[1 - F_i(t - u)\right]\mathrm{d}u \\[4mm] + \displaystyle\sum_{j=1}^{k_i} \left[ \int_{(j-1)T_{ni}}^{jT_{ni}} g(u)\left[1 - F(jT_{ni} - u)\right]\mathrm{d}u \cdot \overline{P_{bi}(T_{ni},t - jT_{ni})} \right], & t > T_{ni} \end{cases}$$

$$(5-20)$$

3）功能检测的可用度模型

根据再生过程理论，部件 $i$ 的可用度为

$$A_i(T_{ni}) = \frac{E\left[一个更新周期中处于工作状态的时间\right]}{E\left[一个更新周期的时间\right]}$$

由式（5-13）可知，在间隔期 $((q-1)T_{ni}, qT_{ni})$ 内部件的寿命周期期望长度可表示为

$$ET_i((q-1)T_{ni}, qT_{ni}) = \int_{(q-1)T_{ni}}^{qT_{ni}} \int_0^{qT_{ni}-u} (u + h)g_i(u)f_i(h)\,\mathrm{d}h\mathrm{d}u + T_{ni} \cdot P_{mi}(qT_{ni})$$

而其寿命周期期望停机时间可表示为

$$ED_i((q-1)T_{ni}, qT_{ni}) = \left[(q-1)T_{ki} + T_{fi}\right] \cdot P_{bi}((q-1)T_{ni}, qT_{ni})$$

$$+ (qT_{ki} + T_{pi}) \cdot P_{mi}((q-1)T_{ni}, qT_{ni})$$

综合所有可能的间隔期，可得到

98

$$A_i(T_{ni}) = 1 - \frac{\sum\limits_{q=1}^{\infty} ED_i((q-1)T_{ni}, qT_{ni})}{\sum\limits_{q=1}^{\infty} ET_i((q-1)T_{ni}, qT_{ni})} \qquad (5-21)$$

即

$$A_i(T_{ni}) =$$

$$1 - \frac{\sum\limits_{q=1}^{\infty}\left\{\left[(q-1)T_{ki}+T_{fi}\right] \cdot P_{bi}((q-1)T_{ni}, qT_{ni}) + (qT_{ki}+T_{pi}) \cdot P_{mi}((q-1)T_{ni}, qT_{ni})\right\}}{\sum\limits_{q=1}^{\infty}\left\{\int\limits_{(q-1)T_{ni}}^{qT_{ni}} \int\limits_{0}^{qT_{ni}-u} (u+h)g_i(u)f_i(h)\mathrm{d}h\mathrm{d}u + T_{ni} \cdot P_{mi}(qT_{ni})\right\}}$$

$$(5-22)$$

**3. 固定组合策略下复杂设备功能检测周期优化模型**

显然,在组合维修策略下,各部件均采取功能检测的复杂设备维修费用可分为两部分:一是各部件的检测费用、预防性维修和修复性维修及故障损失费用;二是设备组合检测的停机损失费用。这样,设备单位时间的成组维修费用可表示为

$$CP_S(T_{Sn}) = \sum_{i=1}^{L}\left[CP_i(T_{Sn}) - \frac{D_{ni}}{T_{Sn}}\right] + \frac{D_{Sn}}{T_{Sn}} \qquad (5-23)$$

再结合部件的安全性或任务性约束,由式(5-20)和式(5-22)可得出设备维修周期的综合优化模型为

$$\begin{cases} \min CP_S(T_{Sn}) = \min\left\{\sum\limits_{i=1}^{L}\left[CP_i(T_{Sn}) - \dfrac{D_{ni}}{T_{Sn}}\right] + \dfrac{D_{Sn}}{T_{Sn}}\right\} \\ \text{s. t.} \\ \{P_{bi}(T_{Sn}, t)\} \leqslant \{P_{0i}\} \\ \{A_i(T_{Sn})\} \geqslant \{A_{0i}\} \end{cases} \qquad (5-24)$$

**4. 优化组合策略下复杂设备功能检测周期优化模型**

这里的符号与假设和上文相同,主要是增加了下列符号:

(1) 组合后设备的检测间隔期为 $T_{Sn}$,部件 $i$ 的检测间隔期为 $T_{Sni}$,$T_{Sni} = \left|\dfrac{T_{ni}^*}{T_{Sn}}\right| \cdot T_{Sn}$ 或 $\left(\left|\dfrac{T_{ni}^*}{T_{Sn}}\right| + 1\right) \cdot T_{Sn}$;

(2) $m$ 为维修工作组合的组数;

(3) $D_{Snj}$ 为第 $j$ 组组合维修工作的准备费用和导致的设备损失。

复杂设备功能检测工作的优化组合如图5-3所示,此时设备单位时间的期望维修费用可表示为

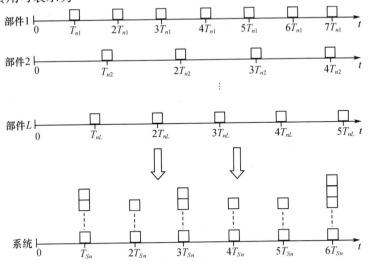

图5-3 长期使用条件下复杂设备功能检测工作的优化组合
(□表示各项功能检测工作)

$$CP_S(T_{Sn}) = \sum_{i=1}^{L}\left[CP_i(T_{Sni}) - \frac{D_{ni}}{T_{Sni}}\right] + \sum_{j=1}^{m}\frac{D_{Snj}}{j \cdot T_{Sn}} \qquad (5-25)$$

对于具有安全性影响的部件,其可靠度模型为

$$\overline{P_{bi}(T_{Sni},t)} = \begin{cases} 1 - \int_0^t g_i(u)\,\mathrm{d}u + \int_0^t g_i(u)\left[1 - F_i(t-u)\right]\mathrm{d}u, & t \leqslant T_{Sni} \\[2mm] 1 - \int_0^t g_i(u)\,\mathrm{d}u + \int_{k_iT_{Sni}}^t g_i(u)\left[1 - F_i(t-u)\right]\mathrm{d}u \\[2mm] \quad + \sum_{j=1}^{k_i}\left[\int_{(j-1)T_{Sni}}^{jT_{Sni}} g(u)\left[1 - F(jT_{Sni} - u)\right]\mathrm{d}u \cdot \overline{P_b}(t - jT_{Sni})\right], & t > T_{Sni} \end{cases}$$

对于具有任务性影响的部件,其可用度模型为

$$A_i(T_{Sni}) = $$
$$1 - \frac{\displaystyle\sum_{q=1}^{\infty}\left\{\left[(q-1)T_{ki} + T_{fi}\right] \cdot P_{bi}\left((q-1)T_{Sni},qT_{Sni}\right) + (qT_{ki} + T_{pi}) \cdot P_{mi}\left((q-1)T_{Sni},qT_{Sni}\right)\right\}}{\displaystyle\sum_{q=1}^{\infty}\left\{\int_{(q-1)T_{Sni}}^{qT_{Sni}}\int_0^{qT_{Sni}-u}(u+h)g_i(u)f_i(h)\,\mathrm{d}h\mathrm{d}u + T_{Sni} \cdot P_{mi}(qT_{Sni})\right\}}$$

100

这样,可得出设备维修周期的综合优化模型为

$$
\begin{cases}
\min CP_S(T_{Sn}) = \min\left\{\sum_{i=1}^{L}\left[CP_i(T_{Sni}) - \dfrac{D_{ni}}{T_{Sni}}\right] + \sum_{j=1}^{m}\dfrac{D_{Snj}}{j \cdot T_{Sn}}\right\} \\
\text{s. t. } T_{Sni} = \left|\dfrac{T_{ni}^*}{T_{Sn}}\right| \cdot T_{Sn} \text{ 或}\left(\left|\dfrac{T_{ni}^*}{T_{Sn}}\right| + 1\right) \cdot T_{Sn} \\
\{P_{bi}(T_{Sni}, t)\} \leqslant \{P_{0i}\} \\
\{A_i(T_{Sni})\} \geqslant \{A_{0i}\}
\end{cases}
\tag{5-26}
$$

### 5.2.3 复杂设备多种维修工作的组合优化及算例

上述两节分别对复杂设备各部件均采取定期更换和功能检测情况下的维修工作组合优化进行了分析和建模研究。在维修实际中,常常会出现对设备实施多种类型维修工作的情况,即有些部件采用定期更换工作,而有些部件采用功能检测工作。在这种情况下,各维修工作的维修间隔期往往差距很大,因此多采取优化组合维修策略,通过将各项工作的间隔期调整为设备维修间隔期的整数倍,来减少停机损失。

此时,设备维修工作的实施不考虑维修工作的类型,而是按照其优化后的维修周期来进行。由于其建模过程与上述优化组合策略下周期优化基本相同,这里不再赘述,只通过一个简单算例建立其维修费用模型来进行演示和验证。

假设某设备由 5 个部件组成,需要实施 5 项维修工作,其中 3 项为定期更换,2 项为功能检测,其相应费用和寿命分布(威布尔分布)参数如表 5 - 1 所列。为简化计算,这里假设对各部件只考虑经济性影响,且维修工作组合前后的准备费用及导致设备停机损失之和均为 1000 元。

表 5 - 1 各维修工作的费用与对应寿命分布相关参数

| 维修工作 | | 检测费用/元 | 预防性更换费用/元 | 故障后维修费用/元 | 寿命分布参数 | |
|---|---|---|---|---|---|---|
| | | | | | 形状参数 | 尺度参数/天 |
| $L_1$ | 1 | — | 1000 | 3000 | 2 | 50 |
| | 2 | — | 400 | 2000 | 3 | 100 |
| | 3 | — | 600 | 2500 | 1.5 | 60 |
| $L_2$ | 4 | 200 | 1000 | 5000 | 1.5 | 36 |
| | | | | | 1.5 | 12 |
| | 5 | 500 | 2000 | 10000 | 1 | 100 |
| | | | | | 1 | 50 |

注:—表示无该项工作;采取定期更换和功能检测的工作分别用集合 $L_1$、$L_2$ 表示;$L_2$ 中形状参数和尺度参数的上下两组数据分别对应产品故障的初始时间和延迟时间

可知,复杂设备单位时间的组合维修费用可表示为

$$C_S = \sum_{}^{i \in L_1} \left[ CR_i(T_{Sri}) - \frac{D_{ri}}{T_{Sri}} \right] + \sum_{}^{i \in L_2} \left[ CP_i(T_{Sni}) - \frac{D_{ni}}{T_{Sni}} \right] + \sum_{j=1}^{m} \frac{D_{Sj}}{j \cdot T}$$

$$(5-27)$$

若不进行维修工作组合,由于每次工作都需设备停机,那么设备的停机次数将增多,准备费用和停机损失也将因此增大。此时设备单位时间内的平均费用为

$$C_{S0} = \sum_{}^{i \in L_1} CR_r(T_{ri}^*) + \sum_{}^{i \in L_2} CP_i(T_{ni}^*) \qquad (5-28)$$

利用本书所建立的模型,通过 MatLab 7.1 进行编程求解,分别对进行组合维修前后的维修工作间隔期和维修费用进行优化,可得出设备的维修间隔期 $T = 17.4$ 天,各项工作原来及调整后的维修间隔期如表5-2所列。

表5-2 $L_1$、$L_2$各部件的最佳定期维修间隔期及相应单位费用

| 维修工作 | | 原来维修间隔期/天 | 调整后维修间隔期/天 |
|---|---|---|---|
| $L_1$ | 1 | 28.9 | 34.8 |
| | 2 | 46.4 | 52.2 |
| | 3 | 36.8 | 34.8 |
| $L_2$ | 4 | 8.7 | 17.4 |
| | 5 | 38.0 | 34.8 |
| 设备费用/(元/天) | | 469.65 | 370.88 |

可见,若按照单项工作维修费用优化,设备的单位费用为 469.65 元/天。而采用本书建立的优化模型对设备间隔期进行调整,将上面维修工作进行优化组合,在此间隔期下由于工作 1、3、5 同时进行,设备减少了停机次数,单位维修费用为 370.88 元/天,相比原来减少 21.03%,可以有效地节省维修费用。

# 5.3 短期使用条件下复杂设备典型维修工作周期优化模型

在长期使用条件下,模型的建立多基于更新过程基本理论,构建和求解比较方便简单;而在短期使用条件下,这些基本理论则难以直接应用,因此需要对短期使用条件下复杂设备维修优化进行定量分析,并建立其优化模型。

### 5.3.1 复杂设备定期更换周期优化模型

**1. 符号与假设**

在短期使用条件下,复杂设备建模所需的各种符号与假设与长期使用条件下大部分一致:

(1)按照预定间隔期对部件进行预防性更换,期间若发生故障则进行维修,修复如新;

(2)设备共有 $L$ 个部件,其中部件 $i$ 的故障率函数、分布密度函数和累积分布函数分别为 $h_i(t)$、$f_i(t)$ 和 $F_i(t)$;

(3)$C_{ri}$ 为部件 $i$ 定期更换的费用;

(4)$C_{fi}$ 为部件 $i$ 故障后修复性维修及造成设备损失的总费用;

(5)$D_{ri}$ 为部件 $i$ 定期更换的准备费用和导致的设备损失;

(6)$D_{Sr}$ 为设备组合维修工作的准备费用和导致的设备损失;

(7)$\lfloor * \rfloor$ 为对 $*$ 向下取整;

(8)$T_{ri}^*$ 为部件 $i$ 根据单部件模型得出的费用最优维修周期;

(9)$T_{Sr}^*$ 为设备在组合维修时得出的费用最优维修周期;

(10)$T_{pi}$ 为部件 $i$ 预防性更换所需时间;

(11)$T_{fi}$ 为部件 $i$ 故障更换所需时间;

(12)$T_{Sp}$ 为设备进行预防性更换组合所需时间;

(13)$P_{bi}(T_{ri}, t)$ 为部件 $i$ 以周期 $T_{ri}$ 进行成组维修时,在任一时刻 $t$ 之前的故障风险。

由于建模背景不同,需要调整或补充的部分如下:

(1)$S$ 为复杂设备的运行时间;

(2)$CR_i(T_{ri}, S)$ 为部件 $i$ 以周期 $T_{ri}$ 进行成组维修时,在短期使用条件下 $S$ 内的期望维修费用;

(3)$CR_S(T_{Sr}, S)$ 为设备以周期 $T_{Sr}$ 进行组合维修时,在短期使用条件下 $S$ 内的期望维修费用;

(4)$A_i(T_{ri}, S)$ 为部件 $i$ 以周期 $T_{ri}$ 进行成组维修时,在短期使用条件下 $S$ 内的可用度。

**2. 短期使用条件下定期更换基本模型**

1)定期更换维修费用模型

在使用期 $S$ 内,已知部件 $i$ 的更换间隔期为 $T_{ri}$,则可得其进行更换的次数 $N_i = \left\lfloor \dfrac{S}{T_{ri}} \right\rfloor$。

若部件 $i$ 的运行期 $S < T_{ri}$，则只进行故障修复，不进行预防更换，因此其期望维修费用为

$$CR_i(T_{ri}, S) = C_{fi} \cdot EN_{bi}(S)$$

而当 $S \geqslant T_{ri}$ 时，其维修费用可表示为

$$CR_i(T_{ri}, S) = N_i \cdot [C_{fi} EN_{bi}(T_{ri}) + C_{ri} + D_{ri}] + CR_i(T_{ri}, S - N_i \cdot T_{ri})$$

更换周期内期望故障次数 $EN_b(t)$ 的计算同长期使用条件下一样，即

$$EN_b(t) = \int_0^t [1 + EN_b(t - x)] dF(x)$$

综合之，可得

$$CR_i(T_{ri}, S) = \begin{cases} C_{fi} \cdot EN_{bi}(S), & S < T_{ri} \\ N_i[C_{fi} EN_{bi}(T_{ri}) + C_{ri} + D_{ri}] + CR_i(T_{ri}, S - N_i \cdot T_{ri}), & S \geqslant T_{ri} \end{cases}$$

$$(5-29)$$

在不进行组合维修时，设备运行期内的期望费用为

$$CR_{S0}(S) = \sum_{i=1}^{L} CR_i(T_{ri}, S) \qquad (5-30)$$

2）定期更换的风险模型

风险模型的建立同长期使用条件下的原理一样，即

$$P_{bi}(T_{ri}, S) = 1 - R^{N_i}(T_{ri}) \cdot R(S - N_i \cdot T_{ri}) \qquad (5-31)$$

式中：$N_i$ 为 $S$ 时刻前进行成组更换的次数，$N_i = \left| \dfrac{S}{T_{ri}} \right|$。

3）定期更换的可用度模型

部件 $i$ 的可用度可表示为

$$A_i(T_{ri}, S) = \frac{S - ET_{fi}(T_{ri}, S)}{S} \qquad (5-32)$$

式中：$ET_{fi}(T_{ri}, S)$ 为短期使用条件下 $S$ 内的期望停机时间。

对于 $ET_{fi}(T_{ri}, S)$，若使用期相比其故障维修时间还短，则发生故障后不进行维修，此时其期望停机时间可表示为

$$ET_{fi}(T_{ri}, S) = \int_0^S (S - x) dF(x)$$

若使用期大于故障维修时间，而小于更换周期与故障维修时间之和，那么达

到更换期时也不进行更换,只在时间允许时进行故障后维修,此时停机时间可表示为

$$ET_{fi}(T_{ri},S) = \int_0^{S-T_{fi}} \left[ T_f + ET_{fi}(T_{ri}, S-x-T_{fi}) \right] \mathrm{d}F(x) + \int_{S-T_{fi}}^{S} (S-x)\mathrm{d}F(x)$$

若使用期大于更换周期与故障维修时间之和,那么达到更换期时进行定期

更换,此时 $N_i = \left| \dfrac{S}{T_{pi}+T_{ri}} \right|$,停机时间可表示为

$$ET_{fi}(T_{ri},S) = N_i \cdot \left[ ET_{fi}(T_{ri}) + T_{pi} \right] + ET_{fi}(T_{ri}, S - N_i(T_{ri}+T_{pi}))$$

综合之,可得

$$ET_{fi}(T_{ri},S) =$$

$$\begin{cases} \int_0^{S} (S-x)\mathrm{d}F(x), & S \leqslant T_{fi} \\[2em] \int_0^{S-T_{fi}} \left[ T_f + ET_{fi}(T_{ri}, S-x-T_{fi}) \right] \mathrm{d}F(x) + \int_{S-T_{fi}}^{S} (S-x)\mathrm{d}F(x), & T_{fi} < S < T_{ri}+T_{fi} \\[2em] N_i \left[ ET_{fi}(T_{ri}) + T_{pi} \right] + ET_{fi}(T_{ri}, S-N_iT_{ri}), & S \geqslant T_{ri}+T_{fi} \end{cases}$$

$$(5-33)$$

### 3. 固定组合策略下复杂设备定期更换周期优化模型

在固定组合维修策略下,复杂设备所有部件都采用相同的周期同时进行更换维修,如图 5 - 4 所示。

设备的维修费用可分为各部件的预防性更换和修复性维修及故障损失费用,以及设备组合更换的停机损失费用两部分。因此,维修费用模型可表示为

$$CR_S(T_{Sr},S) =$$

$$\begin{cases} \sum_{i=1}^{L} C_{fi} \cdot EN_{bi}(S), & S < T_{Sr} \\[1.5em] N_S \cdot \sum_{i=1}^{L} \left[ C_{fi}EN_{bi}(T_{ri}) + C_{ri} \right] + N_S \cdot D_{Sr} + CR_S(T_{Sr}, S-N_S \cdot T_{Sr}), & S \geqslant T_{Sr} \end{cases}$$

$$(5-34)$$

式中:$N_S$ 为设备进行组合更换的次数,$N_S = \left| \dfrac{S}{T_{Sr}} \right|$。

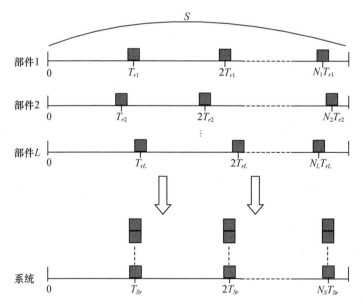

图 5 - 4　短期使用条件下复杂设备定期更换工作的固定组合
（■表示各项定期更换工作）

再结合部件的安全性或任务性约束,可得出设备维修周期的综合优化模型为

$$\begin{cases} \min CR_S(T_{Sr}, S) \\ \text{s. t. } \{1 - R_i^{N_S}(T_{Sr}) \cdot R_i(S - N_S T_{Sr})\} \leqslant \{P_{0i}\} \\ \{A_i(T_{Sr}, S)\} \geqslant \{A_{0i}\} \end{cases} \qquad (5-35)$$

由式(5 - 35)可得出最优的设备组合更换周期 $T_{Sr}^*$。

**4. 优化组合策略下复杂设备定期更换周期优化模型**

在优化组合维修策略下,设备维修费用同样包括两部分:各部件的预防性更换和修复性维修及故障损失费用;设备组合更换的停机损失费用。由于优化组合后各个组合包的工作不尽相同,因此其准备费用和设备损失也会有所不同,如图 5 - 5 所示。

因此,维修费用模型可表示为

$$CR_S(T_{Sr}, S) =$$

$$\begin{cases} \sum_{i=1}^{L} C_{fi} \cdot EN_{bi}(S), \quad S < T_{Sr} \\ \sum_{i=1}^{L} N_{Si} \cdot [C_{fi}EN_{bi}(T_{ri}) + C_{ri}] + \sum_{j=1}^{N_S} D_{Srj} + CR_S(T_{Sr}, S - N_S \cdot T_{Sr}), \quad S \geqslant T_{ri} \end{cases}$$

$$(5-36)$$

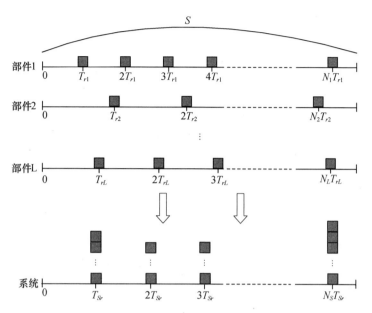

图 5-5　短期使用条件下复杂设备定期更换工作的优化组合

（■表示各项定期更换工作）

式中：$N_S$ 为有限期内设备进行组合更换的次数，$N_S = \left| \dfrac{S}{T_{Sr}} \right|$；$N_{Si}$ 为部件 $i$ 进行更换的次数，$N_{Si} = \left| \dfrac{S}{T_{Sri}} \right|$。

再结合部件的安全性或任务性约束，可得出设备维修周期的综合优化模型为

$$
\begin{cases}
\min CR_S (T_{Sr}, S) \\
\text{s. t.} \\
T_{Sri} = \left| \dfrac{T_{ri}^*}{T_{Sr}} \right| \cdot T_{Sr} \text{或} \left( \left| \dfrac{T_{ri}}{T_{Sr}} \right| + 1 \right) \cdot T_{Sr} \\
\{1 - R_i^n (T_{Sri}) \cdot R_i (S - n T_{Sri})\} \leqslant \{P_{0i}\} \\
\{A_i (T_{ri}, S)\} \geqslant \{A_{0i}\}
\end{cases}
\tag{5-37}
$$

由式（5-37）可得出最优设备基本更换周期 $T_{Sr}^*$ 和各部件相应的更换周期 $T_{Sri}^*$。

## 5.3.2　复杂设备功能检测周期优化模型

### 1. 符号与假设

（1）$S$ 为复杂设备的运行时间；

（2）在预定间隔期对部件进行的功能检测为完善检测；

107

（3）对潜在故障、功能故障进行的修复，将完全恢复部件的功能，即修复如新；

（4）设备共有 $L$ 个部件；

（5）$U_i$ 为部件 $i$ 潜在故障发生时的使用时间，也称初始时间，其密度函数和分布函数分别为 $g_i(u)$ 和 $G_i(u)$；

（6）$H_i$ 为部件 $i$ 潜在故障发展到功能故障的使用时间，也称延迟时间，其密度函数和分布函数分别为 $f_i(h)$ 和 $F_i(h)$；

（7）$C_{ni}$ 为第 $i$ 个部件的功能检测费用；

（8）$C_{pi}$ 为第 $i$ 个部件的预防性更换费用及导致的设备损失；

（9）$C_{fi}$ 为第 $i$ 个部件发生故障后的修复性维修费用及导致的设备损失；

（10）$D_{ni}$ 为第 $i$ 个部件功能检测的准备费用和导致的设备停机损失；

（11）$D_{Sn}$ 为功能检测工作组合的准备费用和导致的设备停机损失；

（12）$T_{ni}^*$ 为部件 $i$ 根据单部件模型得出的费用最优维修周期；

（13）$T_{Sn}^*$ 为设备在组合维修时得出的费用最优维修周期；

（14）$T_{ki}$ 为部件 $i$ 进行功能检测所需时间；

（15）$T_{pi}$ 为部件 $i$ 预防性更换所需时间；

（16）$T_{fi}$ 为部件 $i$ 故障更换所需时间；

（17）$P_{bi}(T_{ni},t)$ 为部件 $i$ 以周期 $T_{ni}$ 进行成组维修时，在任一时刻 $t$ 之前的故障风险；

（18）$CP_i(T_{ni},S)$ 为部件 $i$ 以周期 $T_{ni}$ 进行功能检测维修时，在短期使用条件下 $S$ 内的期望维修费用；

（19）$CP_S(T_{Sn},S)$ 为设备以周期 $T_{Sn}$ 进行组合维修时，在短期使用条件下 $S$ 内的期望维修费用；

（20）$A_i(T_{ni},S)$ 为部件 $i$ 以周期 $T_{ni}$ 进行成组维修时，在短期使用条件下 $S$ 内的可用度。

**2. 短期使用条件下功能检测基本模型**

1）功能检测维修费用模型

设备运行时间为 $S$，部件 $i$ 检测间隔期为 $T_{ni}$，进行功能检测的次数 $K_i = \left| \dfrac{S}{T_{ni}} \right|$。除了功能检测所需设备停机及相关准备费用，部件 $i$ 在运行时间 $S$ 内的维修费用 $CP_i(T_{ni},S)$ 必然由以下三种不相容的情况组成：

情况1：在运行时间 $S$ 内，部件 $i$ 既没有发生功能故障，也没有在检测时发现潜在故障而进行预防性更换，即未进行任何更新，此时的维修费用为 $K_i \cdot C_{ni}$。

108

发生此情况有两种可能：

A：在运行时间 $S$ 内没有发生潜在故障，即 $U_i \geqslant S$；

B：最后一个检测期 $(S - K_i T_{ni}, S)$ 之间的某个时刻 $u$ 发生了潜在故障，但在 $(S - u)$ 期间没有发生功能故障，即 $S - K_i T_{ni} < U_i < S \cap U_i + H_i > S$。

其概率分别为

$$P(\text{A}) = 1 - G_i(S) = 1 - \int_0^S g_i(u)\,\mathrm{d}u$$

$$P(\text{B}) = \int_{S-K_i T_{ni}}^S g_i(u)\left[1 - F_i(S - u)\right]\mathrm{d}u$$

所以

$$P_{ni}(S) = 1 - \int_0^S g_i(u)\,\mathrm{d}u + \int_{S-K_i T_{ni}}^S g_i(u)\left[1 - F_i(S - u)\right]\mathrm{d}u \qquad (5-38)$$

情况 2：进行更新，且首次更新是部件 $i$ 在第 $l$ 次检测时发现潜在故障而进行的预防性更新，此时的维修费用为 $l \cdot C_{ni} + C_{pi} + CP_i(T_{ni}, S - l\,T_{ni})$。

在进行完善检测时，部件 $i$ 缺陷出现在 $(u, u + \mathrm{d}u)$（$(l-1)T_i < u < lT_i$），并在第 $l$ 次检测时发现该缺陷的事件包含了以下两个条件：

（1）在 $(l-1)T_{ni}$ 时刻以前部件并无缺陷，在进行第 $l$ 次检测时发现了该部件缺陷；

（2）部件缺陷的延迟时间必须大于 $lT_{ni} - u$。

该事件的概率密度为 $g_i(u)\,\mathrm{d}u\left[1 - F_i(lT_i - u)\right]$，于是可得

$$P_{mi}(lT_{ni}) = \int_{(l-1)T_{ni}}^{lT_{ni}} g(u)\left[1 - F(S - (lT_{ni} - u))\right]\mathrm{d}u \qquad (5-39)$$

情况 3：进行更新，且更新是因为部件 $i$ 在 $x$（$(j-1)T_{ni} < x < jT_{ni}$）时刻发生功能故障而进行的故障更新，此时的维修费用为 $(j-1)C_{ni} + C_{fi} + C_i(T_{ni}, S - x)$。

缺陷出现在 $(u, u + \mathrm{d}u)$ 内 $(j-1)T_{ni} < x < jT_{ni}$，而故障发生在 $(x, x + \mathrm{d}x)$，此事件的概率密度为

$$p_{bi}(x) = \int_{(j-1)T_{ni}}^{jT_{ni}} g_i(u)f_i(x - u)\,\mathrm{d}u \qquad (5-40)$$

综合以上可知，再加上功能检测所需设备停机及相关准备费用，部件 $i$ 在使用期 $S$ 内的期望维修费用为

$$CP_i(T_{ni}, S) = K_i C_{ni} P_{ni}(S) + \sum_{l=1}^{K_i} \left[ l \cdot C_{ni} + C_{pi} + CP_i(T_{ni}, S - lT_{ni}) \right]$$

$$\cdot P_{mi}(l \cdot T_{ni}) + \sum_{j=1}^{K_i} \int_{(j-1)T_{ni}}^{jT_{ni}} \left[ (j-1)C_{ni} + C_{fi} + CP_i(T_{ni}, S - x) \right]$$

$$\cdot p_{bi}(x)\mathrm{d}x + \int_{K_i T_{ni}}^{S} \left[ k_i \cdot C_{ni} + C_{fi} + CP_i(T_{ni}, S - x) \right]$$

$$\cdot p_{bi}(x)\mathrm{d}x + K_i D_{ni} \tag{5-41}$$

若不进行维修工作组合,设备在使用期 $S$ 内的期望维修费用为

$$CP_{S0}(S) = \sum_{i=1}^{L} CP_i(T_i, S) \tag{5-42}$$

2)功能检测的风险模型

风险模型同上面无限期情况的建立过程一样,这里不再赘述。用 $\overline{P_{bi}(T_{ni}, t)}$ 表示部件 $i$ 在 $t$ 时刻之前不发生故障的概率,则 $P_{bi}(T_{ni}, t) = 1 - \overline{P_{bi}(T_{ni}, t)}$。

$$\overline{P_{bi}(T_{ni}, S)} =$$

$$\begin{cases} 1 - \displaystyle\int_0^S g_i(u)\mathrm{d}u + \int_0^S g_i(u)\left[1 - F_i(S-u)\right]\mathrm{d}u, & t \leqslant T_{ni} \\[4mm] 1 - \displaystyle\int_0^S g_i(u)\mathrm{d}u + \int_{k_i T_{ni}}^S g_i(u)\left[1 - F_i(S-u)\right]\mathrm{d}u \\[4mm] + \displaystyle\sum_{j=1}^{K_i} \left[ \int_{(j-1)T_{ni}}^{jT_{ni}} g(u)\left[1 - F(jT_{ni} - u)\right]\mathrm{d}u \cdot \overline{P_{bi}(T_{ni}, S - jT_{ni})} \right], & t > T_{ni} \end{cases}$$

$$\tag{5-43}$$

3)功能检测的可用度模型

短期使用条件下功能检测可用度基本模型的构建原理同定期更换的模型一样,即

$$A_i(T_{ni}, S) = \frac{S - ET_{fi}(T_{ni}, S)}{S} \tag{5-44}$$

对于 $ET_{fi}(T_{ni}, S)$,若使用期相比其故障维修时间还短,则发生故障后不进行维修,此时其期望停机时间可表示为

$$ET_{fi}(T_{ni}, S) = \int_{S-T_{fi}}^{S} (S - x) p_{bi}(x) \mathrm{d}x$$

若使用期大于故障维修时间,而小于检测周期与故障维修时间之和,那么达到检测周期时也不进行检测,只在时间允许时进行故障后维修,此时停机时间可表示为

$$ET_{fi}(T_{ni}, S) = \int_{0}^{S-T_{fi}} [T_f + ET_{fi}(T_{ni}, S - x - T_{fi})] p_{bi}(x) \mathrm{d}x + \int_{S-T_{fi}}^{S} (S - x) p_{bi}(x) \mathrm{d}x$$

若使用期大于检测周期与故障维修时间之和,那么达到检测周期时进行定期检测,$K_i = \left| \dfrac{S}{T_{ni} + T_{ki}} \right|$。此时停机时间可分为三种情况:

情况 1:部件 $i$ 在 $S$ 前没有任何更新,此时 $ET_{fi}(T_{ni}, S) = K_i \cdot T_{ki}$,其概率为 $P_{ni}(S - K_i \cdot T_{ki})$。

情况 2:发生检测更新,部件 $i$ 在第 $l$ 次检测时发现潜在故障而进行的预防性更新,此时 $ET_{fi}(T_{ni}, S) = l \cdot T_{ki} + T_{pi} + ET_{fi}(T_{ni}, S - l \cdot (T_{ki} + T_{ni}) - T_{pi})$,其概率为 $P_{mi}(l \cdot T_{ni})$。

情况 3:发生故障更新,部件 $i$ 在 $x((j-1)(T_{ki} + T_{ni}) < x < j(T_{ki} + T_{ni}))$ 时刻发生功能故障,此时 $ET_{fi}(T_{ni}, S) = (j-1) \cdot T_{ki} + T_{fi} + ET_{fi}(T_{ni}, S - x - T_{fi})$,其概率为 $p_{bi}(x - (j-1)T_{ki})$。

而对于当 $K_i \cdot (T_{ki} + T_{ni}) < t < S$ 时的情况,只可进行故障更新,所以其停机时间可表示为

$$\begin{cases} \displaystyle\int_{K_i(T_{ki}+T_{ni})}^{S} (K_i \cdot T_{ki} + t - x) p_{bi}(x - K_i \cdot T_{ki}) \mathrm{d}x, & t - K_i(T_{ki} + T_{ni}) \leqslant T_{fi} \\[3ex] \displaystyle\int_{K_i(T_{ki}+T_{ni})}^{S-T_{fi}} [K_i \cdot T_{ki} + T_f + ET_{fi}(T_{ni}, S - x - T_{fi})] p_{bi}(x - K_i \cdot T_{ki}) \mathrm{d}x \\[3ex] + \displaystyle\int_{S-T_{fi}}^{S} (K_i \cdot T_{ki} + t - x) p_{bi}(x - K_i \cdot T_{ki}) \mathrm{d}x, & t - K_i(T_{ki} + T_{ni}) > T_{fi} \end{cases}$$

将以上进行综合,可得期望停机时间的表达式为

$$ET_{fi}(T_{ni},S) =$$

$$\begin{cases}
\displaystyle\int_0^S (S-x)p_{bi}(x)\,dx, & S \leqslant T_{fi} \\[4mm]
\displaystyle\int_0^{S-T_{fi}} [T_f + ET_{fi}(T_{ni},S-x-T_{fi})]p_{bi}(x)\,dx \\[2mm]
\quad + \displaystyle\int_{S-T_{fi}}^S (S-x)p_{bi}(x)\,dx, & T_{fi} < S < T_{ni}+T_{fi} \\[4mm]
K_i \cdot T_{ki} \cdot P_{ni}(S - K_i \cdot T_{ki}) \\[2mm]
\quad + \displaystyle\sum_{l=1}^{K_i} [l \cdot T_{ki} + T_{pi} + ET_{fi}(T_{ni}, S-l \\[2mm]
\quad \cdot (T_{ki}+T_{ni}) - T_{pi})]P_{mi}(l \cdot T_{ni}) \\[2mm]
\quad + \displaystyle\sum_{j=1}^{K_i} \int_{(j-1)(T_{ki}+T_{ni})}^{j(T_{ki}+T_{ni})} [(j-1) \cdot T_{ki} + T_{fi} \\[2mm]
\quad + ET_{fi}(T_{ni}, S-x-T_{fi})]p_{bi}(x-(j-1)T_{ki})\,dx & S \geqslant T_{ni}+T_{fi} \\[4mm]
\quad + \left\{ \begin{aligned}
& \int_{K_i(T_{ki}+T_{ni})}^{S} (K_i \cdot T_{ki} + t - x)p_{bi}(x - K_i \cdot T_{ki})\,dx, \quad t - K_i(T_{ki}+T_{ni}) \leqslant T_{fi} \\
& \int_{K_i(T_{ki}+T_{ni})}^{S-T_{fi}} [K_i \cdot T_{ki} + T_f + ET_{fi}(T_{ni}, S-x \\
& \qquad - T_{fi})]p_{bi}(x - K_i \cdot T_{ki})\,dx \\
& + \int_{S-T_{fi}}^{S} (K_i \cdot T_{ki} + t - x)p_{bi}(x - K_i \cdot T_{ki})\,dx, \quad t - K_i(T_{ki}+T_{ni}) > T_{fi}
\end{aligned} \right\},
\end{cases}$$

$$(5-45)$$

将式(5-45)代入式(5-44),即可得出有限期下部件 $i$ 的可用度。

**3. 固定组合策略下复杂设备功能检测周期优化模型**

在固定组合维修策略下,设备的期望维修费用为

$$CP_S(T_{Sn},S) == \sum_{i=1}^{L} [CP_i(T_{Sn},S) - K_S D_{ni}] + K_S D_{Sn} \qquad (5-46)$$

式中: $K_S = \left| \dfrac{S}{T_{Sn}} \right|$ 为采取组合检测后设备维修所需准备活动及停机的次数。

再结合部件的安全性或任务性约束,可得出设备维修周期的综合优化模型为

$$
\begin{cases}
\min CP_S(T_{Sn}, S) = \min\left\{ \sum_{i=1}^{L} \left[ CP_i(T_{Sn}, S) - K_S D_{ni} \right] + K_S D_{Sn} \right\} \\
\text{s. t. } \{P_{bi}(T_{Sn}, t)\} \leqslant \{P_{b0i}\} \\
\{A_i(T_{Sn}, S)\} \geqslant \{A_{0i}\}
\end{cases}
$$

$$(5-47)$$

**4. 优化组合策略下复杂设备功能检测周期优化模型**

在优化组合维修策略下,设备的期望维修费用为

$$
CP_S(T_{Sn}, S) = \sum_{i=1}^{L} \left[ CP_i(T_{Sni}, S) - K_{Si} D_{ni} \right] + \sum_{j=1}^{K_S} D_{Snj} \qquad (5-48)
$$

式中:$K_S$ 为有限期内设备进行组合检测的次数,$K_S = \left| \dfrac{S}{T_{Sn}} \right|$;$K_{Si}$ 为部件 $i$ 进行检测的次数,$K_{Si} = \left| \dfrac{S}{T_{Sni}} \right|$。

再结合部件的安全性或任务性约束,可得出设备维修周期的综合优化模型为

$$
\begin{cases}
\min CP_S(T_{Sn}, S) = \min\left\{ \sum_{i=1}^{L} \left[ CP_i(T_{Sni}, S) - K_{Si} D_{ni} \right] + \sum_{j=1}^{K_S} D_{Snj} \right\} \\
\text{s. t.} \\
T_{Sni} = \left| \dfrac{T_{ni}^*}{T_{Sn}} \right| \cdot T_{Sn} \text{ 或} \left( \left| \dfrac{T_{ni}^*}{T_{Sn}} \right| + 1 \right) \cdot T_{Sn} \\
\{P_{bi}(T_{Sni}, S)\} \leqslant \{P_{b0i}\} \\
\{A_i(T_{Sni}, S)\} \geqslant \{A_{0i}\}
\end{cases}
$$

$$(5-49)$$

## 5.3.3 复杂设备维修工作组合优化算例

由于短期使用条件下复杂设备定期更换周期优化模型的计算比较简单,下面通过一个对复杂设备功能检测工作进行组合优化的算例来验证本书所建立的短期使用条件下的模型。

假设某复杂设备运行时间为 200 天,它有 6 个部件,寿命分布均服从威布尔分布,其故障更换及损失费用 $C_{fi}$、预防性更换及损失费用 $C_{pi}$、功能检测费用 $C_{ni}$、故障初始时间和延迟时间分布的形状参数 $m_{ui}$、$m_{hi}$ 和尺度参数 $l_{ui}$、$l_{hi}$ 如表 5-3 所列。为简化计算,假设备时刻功能检测的准备活动和停机损失是相等的,均为

113

300 元。

表 5 – 3　各部件维修费用及寿命分布参数

| 费用及寿命参数 | 1 | 2 | 3 | 4 | 5 | 6 |
|---|---|---|---|---|---|---|
| $C_{fi}$/元 | 2000 | 3000 | 2000 | 2500 | 5000 | 10000 |
| $C_{pi}$/元 | 500 | 1000 | 400 | 600 | 1000 | 2000 |
| $C_{ni}$/元 | 50 | 100 | 60 | 80 | 40 | 150 |
| $m_{ui}$ | 1 | 2 | 1.5 | 1.5 | 1 | 3 |
| $l_{ui}$/天 | 100 | 45 | 60 | 12 | 50 | 35 |
| $m_{hi}$ | 1 | 2 | 1.5 | 1 | 2 | 2 |
| $l_{hi}$/天 | 50 | 45 | 36 | 10 | 30 | 50 |

　　利用本书所建立的模型,通过 MatLab7.1 编程求解,分别对功能检测进行组合前后的维修间隔期和维修费用优化。可得出,设备定期组合检测的间隔期 $T_S$ 为 28.6 天,设备维修总费用 $C_S$ 为 $59.5041 \times 10^3$ 元;若采用传统的单部件维修间隔期优化,设备维修总费用为 $65.4237 \times 10^3$ 元。组合前后检测间隔期及维修费用情况如表 5 – 4 所列。

表 5 – 4　组合前后功能检测间隔期及维修费用

| 间隔期及费用 | 组合前 | | | | | | 组合后 |
|---|---|---|---|---|---|---|---|
| | 1 | 2 | 3 | 4 | 5 | 6 | |
| 检测间隔期/天 | 33.33 | 50 | 22.2 | 25 | 16.7 | 28.6 | 28.6 |
| 检测次数 | 6 | 4 | 9 | 8 | 12 | 7 | 7 |
| 期望维修费用/($\times 10^3$元) | 1.9736 | 5.1447 | 2.5463 | 28.2450 | 6.3060 | 12.8081 | 56.4237 |
| 停机损失费用/($\times 10^3$元) | 9.0000 | | | | | | 2.1000 |
| 总维修费用/($\times 10^3$元) | 65.4237 | | | | | | 59.5041 |

　　可见,由于对功能检测工作进行了优化组合,减少了设备准备活动和设备停机次数,维修费用相比原来减少了 9.05%,有效地节省了维修费用。

# 本 章 小 结

　　本章应用组合维修策略,针对复杂设备的两种典型维修工作——定期更换和功能检测,在分析其基本的费用模型、可用度模型和风险模型的基础上,从系统的角度分析其维修费用结构和组成,分别建立了其长期使用条件下和短期使用条件下以安全性和任务性为约束的维修周期优化模型,并通过实例验证了组合维修策略的实用性和有效性。

# 第6章　复杂设备复合维修工作组合间隔期优化模型

在维修实践中,为了更加有效地利用部件寿命,同时又达到降低故障率和维修费用的目的,通常会采用大小修结合进行的复合式维修工作。然而,目前的维修决策理论和方法,很少对复合维修进行较为深入的研究,对其进行建模分析并优化间隔期的则更少。因此,本章将对复合维修方式的费用、可用度和风险等进行分析,并建立数学模型从复杂设备的角度优化其工作组合周期。

## 6.1　复合维修方式

复合维修方式是针对上述的单一预防性维修方式而言的,指实施两种或两种以上类型预防性维修工作的维修方式。在这种维修方式下,通常设定一个大修周期,在大修期进行彻底维修,而在每个大修周期内则进行几次预防性小修(如检查、检测等),从而实现减少故障和降低费用等目标。

复合维修方式具有非常现实的应用价值,在实际维修中广泛采用。如铁路内燃机车变速箱的维修,为了减少"临修"和杜绝"机破",就常常对其采取在一个大修周期内进行若干次小修的维修方式。在 RCM 分析方法中,复合维修方式称为"综合工作",用于处理单一类型维修工作无法有效预防故障的情况。《军用装备维修工程学》中也指出,"正确运用定期维修与视情维修相结合的原则,……,可以在保证装备战备完好性的前提下节约维修人力与物力"。

由于实际中大小修的维修方式多分别采用定期更换和功能检测,本章以"辅以功能检测的定期更换"这种维修方式为例,对复合维修工作的维修建模和组合优化进行探讨和研究。"辅以功能检测的定期更换"维修方式的具体过程为:部件每经过一定的时间,进行一次预防性更换,一个更换周期包括 $K$ 个功能检测周期,其间对部件进行 $(K-1)$ 次检测。功能检测时,若发现潜在故障,则进行预防性维修;若无潜在故障,则继续使用。在使用过程中,若发生功能故障,则立即停机修理;到达更换周期时不管部件是否有潜在故障,都要对部件进行预防性更换,如图 6-1 所示。

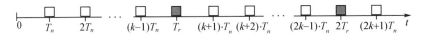

图 6 – 1　辅以功能检测的定期更换复合维修
(□表示功能检测工作,■表示定期更换工作)

　　对于部件采取复合维修方式的复杂设备,也可对其维修工作采取组合维修策略,调整各部件的维修间隔期,使得部分功能检测和定期工作同时进行,从而减少停机次数,降低总体维修费用。

　　复杂设备复合维修工作的组合优化,其过程步骤与第 5 章基本相同,只是由于复合维修方式本身的特点,维修建模和优化过程更为复杂。其基本过程如下:

　　(1) 首先判定设备内各部件的故障影响(安全性影响、任务性影响或是经济性影响),从而确定其维修决策的目标(可靠度、可用度或费用率)。

　　(2) 在上述决策目标下,基于单部件复合维修模型(风险模型、可用度模型或费用模型)优化部件的定期更换周期、功能检测周期和定期更换期内功能检测的次数。

　　(3) 根据上面得出的维修间隔期的差异程度,采用相应的组合策略(固定组合或优化组合策略),分别设定设备的功能检测和定期更换工作的基本间隔期,将各部件的维修间隔调整为其整数倍。

　　(4) 对设备从整体上分析其维修费用结构和组成,建立复杂设备组合维修策略下的费用优化模型。对于具有安全性和任务性影响的部件,还需考虑由于工作组合所造成的维修间隔期缩短或延长对部件的影响。若采用调整后的维修周期可满足其决策要求则采用新的维修周期;否则,不参与组合维修。

　　下面分别研究并建立长期使用条件下和短期使用条件下,复杂设备复合维修工作组合优化的数学模型。

# 6.2　长期使用条件下复杂设备复合维修周期优化模型

## 6.2.1　符号与假设

　　结合复合维修方式的特点,这里列出其维修建模的基本假设和符号参数。为了保持本书前后的统一性,对于复合维修中定期更换、功能检测、故障更换工作的费用和时间等仍采用与第 5 章相同的符号与假设。具体如下:

　　(1) 假设设备运行时间远大于维修间隔期;

　　(2) 部件均为单故障模式,且故障的发生相互独立;

　　(3) 功能检测是完善的,期间发生功能故障则进行维修,修复如新;

（4）设备共有 $L$ 个部件，部件 $i$ 的更换间隔期和检测间隔期分别为 $T_{ri}$、$T_{ni}$，更换周期内包括 $K_i$ 个功能检测周期，其间对部件进行 $(K_i-1)$ 次检测；

（5）组合后设备的小修间隔期为 $T_{Sn}$，大修间隔期为 $T_{Sr}$；

（6）$U_i$ 为部件 $i$ 潜在故障发生时的使用时间，也称初始时间，其密度函数和分布函数分别为 $g_i(u)$ 和 $G_i(u)$；

（7）$H_i$ 为部件 $i$ 潜在故障发展到功能故障的使用时间，也称延迟时间，其密度函数和分布函数分别为 $f_i(h)$ 和 $F_i(h)$；

（8）$C_{ri}$ 为部件 $i$ 定期更换的费用；

（9）$C_{ni}$ 为部件 $i$ 功能检测的费用；

（10）$C_{fi}$ 为部件 $i$ 故障后修复性维修及造成设备损失的总费用；

（11）$C_{pi}$ 为部件 $i$ 的预防性更换费用及导致的设备损失；

（12）$D_{ni}$ 为部件 $i$ 功能检测的准备费用和导致的设备停机损失；

（13）$D_{ri}$ 为部件 $i$ 定期更换的准备费用和导致的设备损失；

（14）$C_i\langle T_{ni}, T_{ri}\rangle$ 为部件 $i$ 一个复合维修周期内单位时间的期望费用；

（15）$C_S\langle T_{Sn}, T_{Sr}\rangle$ 为设备一个复合维修周期内单位时间的期望费用；

（16）$T_{pri}$ 为部件 $i$ 定期更换所需时间；

（17）$T_{ki}$ 为部件 $i$ 进行功能检测所需时间；

（18）$T_{pi}$ 为部件 $i$ 预防性更换所需时间；

（19）$T_{fi}$ 为部件 $i$ 进行故障更换所需时间。

### 6.2.2 长期使用条件下复合维修的基本模型

**1. 复合维修的费用模型**

从预防性更换的角度考虑，部件采用的是长期使用条件下成组更换策略，建模目标是寻找最佳的更换周期使每单位时间的平均费用最小。根据更新报酬的基本理论，部件 $i$ 的期望费用可表示为

$$C_i\langle T_{ni}, T_{ri}\rangle = \frac{CP_i\langle T_{ni}, T_{ri}\rangle + C_{ri} + D_{ri}}{T_{ri}} \tag{6-1}$$

注意，这里的 $CP_i\langle T_A, T_B\rangle$ 与前面章节中的 $CP_i(T_A, T_B)$ 有所区别。前面章节中的 $CP_i(T_A, T_B)$ 表示部件 $i$ 在短期使用条件下 $T_B$ 内以 $T_A$ 为周期进行功能检测的期望维修费用；而这里的 $CP_i\langle T_A, T_B\rangle$ 则表示部件 $i$ 以 $T_A$ 为检测周期在更换周期 $T_B$ 内进行复合维修时，除更换周期末更换费用及相关损失外所有费用的期望值。

为了建模表达方便，这里将复合维修中每个更换周期包含检测周期的数目

规定为 $K_i = \left\lceil \dfrac{T_{ri}}{T_{ni}} \right\rceil$（$\lceil * \rceil$ 表示对 $*$ 取整的上限值）。$CP_i\langle T_{ni}, T_{ri}\rangle$ 的具体求解过程如下。

在每个更换周期（$T_{ri}$）内，部件 $i$ 采取的是短期使用条件下完善功能检测策略，维修费用 $CP_i\langle T_{ni}, T_{ri}\rangle$ 的情况必然由以下三种不相容的情况组成：

情况 1：在整个更换周期 $T_{ri}$ 内，部件既没有发生功能故障，也没有在检测时发现潜在故障而进行预防性更换，即未进行任何更新事件，此时的维修费用为 $(K_i - 1) \cdot C_{ni}$。发生此事件有两种可能：

（1）在更换周期 $T_{ri}$ 前没有发生潜在故障，即 $U_i \geqslant T_{ri}$；

（2）最后一个检测期（$(K_i - 1)T_{ni}, K_iT_{ni}$）之间的某个时刻 $u$ 发生了潜在故障，但在（$K_iT_{ni} - u$）期间没有发生功能故障，即（$(K_i - 1)T_{ni} < U_i < K_iT_{ni} \cap U_i + H_i > K_iT_{ni}$）。

可得情况 1 的发生概率为

$$P_{ni}(T_{ri}) = 1 - \int_0^{T_{ri}} g_i(u)\,\mathrm{d}u + \int_{(K_i-1)T_{ni}}^{K_iT_{ni}} g_i(u)\left[1 - F_i(T_{ri} - u)\right]\mathrm{d}u \quad (6-2)$$

情况 2：进行更新，且首次更新是在第 $l$ 次检测时发现潜在故障而进行的预防性更新，此时的维修费用为 $l \cdot C_{ni} + C_{pi} + CP_i\langle T_{ni}, T_{ri} - l \cdot T_{ni}\rangle$。

在进行完善检测时，部件 $i$ 缺陷出现在（$u, u + \mathrm{d}u$）（$(l-1)T_{ni} < u < lT_{ni}$），并在第 $l$ 次检测时发现该缺陷的事件包含了以下两个条件：

（1）在 $(l-1)T_{ni}$ 时刻以前部件并无缺陷，在进行第 $l$ 次检测时发现了该部件缺陷；

（2）部件缺陷的延迟时间必须大于 $lT_{ni} - u$。

该事件的概率密度为 $g_i(u)\mathrm{d}u\left[1 - F_i(lT_{ni} - u)\right]$，于是可得

$$P_{mi}(lT_{ni}) = \int_{(l-1)T_{ni}}^{lT_{ni}} g(u)\left[1 - F_i(T_{ri} - (lT_{ni} - u))\right]\mathrm{d}u \quad (6-3)$$

情况 3：进行更新，且更新是因为部件 $i$ 在 $x$（$(j-1)T_{ni} < x < jT_{ni}$）时刻进行的故障更新，此时的维修费用为 $(j-1)C_{ni} + C_{fi} + CP_i\langle T_{ni}, T_{ri} - x\rangle$。

缺陷出现在（$u, u + \mathrm{d}u$）（$(j-1)T_{ni} < u < jT_{ni}$）内，而故障发生在（$x, x + \mathrm{d}x$），此时延迟时间必须满足 $x - u < h < x + \mathrm{d}x - u$。此事件的概率密度为

$$p_{bi}(x) = \int_{(j-1)T_{ni}}^{jT_{ni}} \left[g_i(u)f_i(x - u)\right]\mathrm{d}u \quad (6-4)$$

综合以上三种情况，再加上功能检测所需设备停机及相关准备费用，可得

118

$$CP_i \langle T_{ni}, T_{ri} \rangle = (K_i - 1) \cdot C_{ni} \cdot P_{ni}(T_{ri})$$

$$+ \sum_{l=1}^{K_i-1} \left[ l \cdot C_{ni} + C_{pi} + CP_i \langle T_{ni}, T_{ri} - l \cdot T_{ni} \rangle \right] \cdot P_{mi}(l \cdot T_{ni})$$

$$+ \sum_{j=1}^{K_i} \int_{(j-1)T_{ni}}^{jT_{ni}} \left[ (j-1)C_{ni} + C_{fi} + CP_i \langle T_{ni}, T_{ri} - x \rangle \right]$$

$$\cdot p_{bi}(x)\,\mathrm{d}x + (K_i - 1)D_{ni} \qquad\qquad (6-5)$$

这里需要注意的是:由于部件达到大修期,直接更换而不进行检测,所以在计算功能检测总费用时,将求和上限定为 $K_i - 1$ 而不是 $K_i$;而最后加上的功能检测损失费用也是乘以 $K_i - 1$ 而不是 $K_i$。

将式(6-5)代入式(6-1),即可得到部件 $i$ 进行复合维修时单位时间的期望维修费用;然后通过对 $k_i$、检测周期或更换周期进行联合优化,可计算其维修费用及对应维修周期的最优解。

**2. 复合维修的风险模型**

从预防性更换的角度考虑,部件采用的是长期使用条件下成组更换策略,这里忽略更新时间,根据式(5-4)可得部件 $i$ 的风险模型为

$$P_{bi}(T_{ni}, T_{ri}, t) = 1 - \overline{P_{bi}(T_{ni}, T_{ri}, t)} = 1 - R^{N_i}(T_{ni}, T_{ri}) \cdot R(T_{ni}, (t - N_i \cdot T_{ri}))$$

$$(6-6)$$

式中: $R(T_{ni}, T_{ri})$ 为在更换期 $T_{ri}$ 内以 $T_{ni}$ 为间隔期进行功能检测时的可靠度; $N_i$ 为 $t$ 时刻前进行定期更换的次数, $N_i = \left| \dfrac{t}{T_{ri}} \right|$。

关键函数 $R(T_{ni}, T_{ri})$ 的求解过程如下。

当 $T_{ri} = T_{ni}$ 时,部件 $i$ 不发生功能故障的情况有以下两种:

情况1: $T_{ri}$ 时刻前没有发生潜在故障,即 $U_i \geqslant T_{ri}$;

情况2:潜在故障发生在 $(0, T_{ri})$ 之间,但在 $T_{ri}$ 时刻前并没有发生功能故障,即 $0 < U_i < T_{ri} \cap U_i + H_i > T_{ri}$。

$$\mathrm{Pr}(\text{情况}1) = P(U_i > T_{ri}) = 1 - \int_0^{T_{ri}} g_i(u)\,\mathrm{d}u$$

$$\mathrm{Pr}(\text{情况}2) = P(0 < U_i < T_{ri} \cap U_i + H_i \geqslant T_{ri}) = \int_0^{T_{ri}} g_i(u)[1 - F_i(T_{ri} - u)]\,\mathrm{d}u$$

于是可得

$$R(T_{ni}, T_{ri}) = 1 - \int_0^{T_{ri}} g_i(u)\,\mathrm{d}u + \int_0^{T_{ri}} g_i(u)[1 - F_i(T_{ri} - u)]\,\mathrm{d}u$$

当 $T_{ri} > T_{ni}$ 时,部件 $i$ 不发生功能故障的情况则有以下三种:

情况 1: $T_{ri}$ 时刻前没有发生潜在故障,即 $U_i \geqslant T_{ri}$;

情况 2: 潜在故障发生在 $((K_i-1)T_{ni}, T_{ri})$ 之间,但在 $T_{ri}$ 时刻前并没有发生功能故障,即 $(K_i-1)T_{ni} < U_i < T_{ri} \cap U_i + H_i > T_{ri}(K_i = \left| \dfrac{T_{ri}}{T_{ni}} \right|)$;

情况 3: 潜在故障发生在两次连续检测 $((j-1)T_{ni}, jT_{ni})$ 之间,且在检测时刻 $jT_{ni}$ 被发现,而在 $(jT_{ni}, T_{ri})$ 这一段时间里没有发生故障,此时相当于在 $jT_{ni}$ 时刻更新,进行上述过程的嵌套和重现,即 $(j-1)T_{ni} < U_i < jT_{ni} \cap U_i + H_i > jT_{ni} \cap (T_{ri} - jT_{ni})$ 内不发生任何故障。

$$\mathrm{Pr}(情况 1) = P(U_i > T_{ri}) = 1 - \int_0^{T_{ri}} g_i(u)\,\mathrm{d}u$$

$$\mathrm{Pr}(情况 2) = P((K_i-1)T_{ni} < U_i < T_{ri} \cap U_i + H_i > T_{ri})$$
$$= \int_{(K_i-1)T_{ni}}^{T_{ri}} g_i(u)[1 - F_i(T_{ri} - u)]\,\mathrm{d}u$$

$$\mathrm{Pr}(情况 3) = \sum_{j=1}^{K_i-1} \left[ \int_{(j-1)T_{ni}}^{jT_{ni}} g(u)[1 - F(jT_{ni} - u)]\,\mathrm{d}u \cdot R(T_{ni}, (T_{ri} - jT_{ni})) \right]$$

此时,有

$$R(T_{ni}, T_{ri}) = 1 - \int_0^{T_{ri}} g_i(u)\,\mathrm{d}u + \int_{(K_i-1)T_{ni}}^{T_{ri}} g_i(u)[1 - F_i(T_{ri} - u)]\,\mathrm{d}u$$
$$+ \sum_{j=1}^{K_i-1} \left[ \int_{(j-1)T_{ni}}^{jT_{ni}} g(u)[1 - F(jT_{ni} - u)]\,\mathrm{d}u \cdot R(T_{ni}, (T_{ri} - jT_{ni})) \right]$$

综合之,可得部件 $i$ 的可靠度函数可由下式表示:

$$R(T_{ni}, T_{ri}) =$$

$$\begin{cases} 1 - \displaystyle\int_0^{T_{ri}} g_i(u)\,\mathrm{d}u + \int_0^{T_{ri}} g_i(u)[1 - F_i(T_{ri} - u)]\,\mathrm{d}u, & T_{ri} = T_{ni} \\[3mm] 1 - \displaystyle\int_0^{T_{ri}} g_i(u)\,\mathrm{d}u + \int_{(K_i-1)T_{ni}}^{T_{ri}} g_i(u)[1 - F_i(T_{ri} - u)]\,\mathrm{d}u \\[2mm] \quad + \displaystyle\sum_{j=1}^{K_i-1} \left[ \int_{(j-1)T_{ni}}^{jT_{ni}} g(u)[1 - F(jT_{ni} - u)]\,\mathrm{d}u \cdot R(T_{ni}, (T_{ri} - jT_{ni})) \right], & T_{ri} > T_{ni} \end{cases}$$

$$(6-7)$$

因此,将式(6-7)代入式(6-6),即可得出在任一给定时刻,部件 $i$ 采取复合维修时的风险模型。

### 3. 复合维修的可用度模型

在长期使用条件下,从定期更换的角度考虑,部件采用的是成组更换策略,因此其可用度可表示为

$$A_i(T_{ri}, T_{ni}) = \frac{T_{ri} - ET_{fi}(T_{ni}, T_{ri})}{T_{ri} + T_{pri}} \qquad (6-8)$$

$ET_{fi}(T_{ni}, T_{ri})$ 同有限期功能检测基本模型中停机函数的含义一样,表示的是部件 $i$ 在有限期 $T_{ri}$ 内以 $T_{ni}$ 为间隔期进行功能检测时的期望停机时间。因此这里省略推导过程,由式(5-45)可知

$$ET_{fi}(T_{ni}, T_{ri}) =$$

$$\begin{cases}
\displaystyle\int_0^{T_{ri}} (T_{ri} - x) p_{bi}(x) \mathrm{d}x, & T_{ri} \leqslant T_{fi} \\[4mm]
\displaystyle\int_0^{T_{ri}-T_{fi}} \left[ T_f + ET_{fi}(T_{ni}, T_{ri} - x - T_{fi}) \right] p_{bi}(x) \mathrm{d}x \\[2mm]
\quad + \displaystyle\int_{T_{ri}-T_{fi}}^{T_{ri}} (T_{ri} - x) p_{bi}(x) \mathrm{d}x, & T_{fi} < T_{ri} < T_{ri} + T_{pi} \\[4mm]
K_i \cdot T_{ki} \cdot P_{ni}(T_{ri} - K_i \cdot T_{ki}) + \displaystyle\sum_{l=1}^{K_i} \left[ l \cdot T_{ki} + T_{pi} \right. \\[2mm]
\quad \left. + ET_{fi}(T_{ni}, T_{ri} - l \cdot (T_{ki} + T_{ni}) - T_{pi}) \right] P_{mi}(l \cdot T_{ni}) \\[2mm]
\quad + \displaystyle\sum_{j=1}^{K_i} \int_{(j-1)(T_{ki}+T_{ni})}^{j(T_{ki}+T_{ni})} \left[ (j-1) \cdot T_{ki} + T_{fi} \right. \\[2mm]
\qquad \left. + ET_{fi}(T_{ni}, T_{ri} - x - T_{fi}) \right] p_{bi}(x - (j-1) T_{ki}) \mathrm{d}x, & T_{ri} \geqslant T_{ri} + T_{pi} \\[4mm]
\quad + \left\{ \begin{array}{l}
\displaystyle\int_{K_i(T_{ki}+T_{ni})}^{T_{ri}} (K_i \cdot T_{ki} + t - x) p_{bi}(x - K_i \cdot T_{ki}) \mathrm{d}x, \quad t - K_i(T_{ki} + T_{ni}) \leqslant T_{fi} \\[2mm]
\displaystyle\int_{K_i(T_{ki}+T_{ni})}^{T_{ri}-T_{fi}} \left[ K_i \cdot T_{ki} + T_f \right. \\[2mm]
\quad \left. + ET_{fi}(T_{ni}, T_{ri} - x - T_{fi}) \right] p_{bi}(x - K_i \cdot T_{ki}) \mathrm{d}x \\[2mm]
\quad + \displaystyle\int_{T_{ri}-T_{fi}}^{T_{ri}} (K_i \cdot T_{ki} + t - x) p_{bi}(x - K_i \cdot T_{ki}) \mathrm{d}x, \quad t - K_i(T_{ki} + T_{ni}) > T_{fi}
\end{array} \right.
\end{cases}$$

$$(6-9)$$

将式(6-9)代入式(6-8),即可得出短期使用条件下部件 $i$ 的可用度。

### 6.2.3 固定组合策略下复杂设备复合维修周期优化模型

采用"辅以功能检测的定期更换"维修方式,在固定组合维修策略下从系统整体的角度来对维修工作进行组合,那么所有部件都采取相同的功能检测周期和定期更换周期如图6-2所示,这时就需建立维修决策模型来确定功能检测周期 $T_{Sn}$ 和定期更换周期大修期 $T_{Sr}$。此时,复杂设备的维修费用主要有两类:一类是各部件的检测费用、检测更新费用、定期更换费用、故障维修费用及导致的停机损失和检测费用;另一类是进行功能检测和定期更换所需的准备工作费用及停机损失。因此,设备的期望维修费用为

$$C_S \langle T_{Sn}, T_{Sr} \rangle = \sum_{i=1}^{L} \left[ \frac{CP_i \langle T_{Sn}, T_{Sr} \rangle - (K_S - 1)D_{ni} + C_{ri}}{T_{Sr}} \right] + \frac{(K_S - 1)D_{Sn} + D_{Sr}}{T_{Sr}}$$

$$= \sum_{i=1}^{L} \left[ \frac{CR_i \langle T_{Sn}, T_{Sr} \rangle - (K_S - 1)D_{ni} - D_{ri}}{T_{Sr}} \right] + \frac{(K_S - 1)D_{Sn} + D_{Sr}}{T_{Sr}}$$

$$(6-10)$$

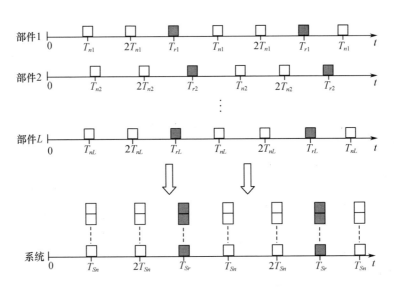

图6-2 复杂设备复合维修工作固定组合策略
(□表示功能检测工作,■表示定期更换工作)

再结合部件的安全性或任务性约束,可得出设备维修周期的综合优化模型为

$$\begin{cases} \min C_S \langle T_{Sn}, T_{Sr} \rangle = \min \left\{ \sum_{i=1}^{L} \left[ \dfrac{CP_i \langle T_{Sn}, T_{Sr} \rangle - (K_S - 1) D_{ni} + C_{ri}}{T_{Sr}} \right] \right. \\ \left. \qquad\qquad\qquad + \dfrac{(K_S - 1) D_{Sn} + D_{Sr}}{T_{Sr}} \right\} \\ \text{s. t. } \{ P_{bi}(T_{Sn}, T_{Sr}, t) \} \leqslant \{ P_{b0i} \} \\ \quad\;\; \{ A_i(T_{Sn}, T_{Sr}) \} \geqslant \{ A_{0i} \} \end{cases}$$

$$(6-11)$$

### 6.2.4　优化组合策略下复杂设备复合维修周期优化模型

为了实现复杂设备维修工作的组合优化,首先需要对各个部件的维修间隔期进行调整,使多项维修工作可以同时进行如图 6-3 所示,从而减少停机次数,降低停机损失。

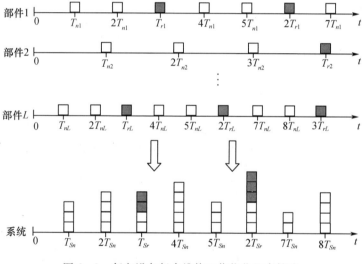

图 6-3　复杂设备复合维修工作优化组合策略
(□表示功能检测工作,■表示定期更换工作)

应用更新过程理论分析设备维修费用和其他可靠性指标模型,首先要明确并构建其更新过程。显然,对于实施复合维修工作的复杂设备,其更新周期是所有部件更换周期的最小公倍数。这里假设部件 $i$ 的检测间隔期为 $T_{Sni}$,更换间隔期为 $T_{Sri}$,设备的更新周期为 $J_S \cdot T_{Sr}$。

可知经调整后,部件 $i$ 的更换间隔期 $T_{Sri} = \left| \dfrac{T_{ri}^*}{T_{Sr}} \right| \cdot T_{Sr}$ 或 $\left| \left( \dfrac{T_{ri}^*}{T_{Sr}} \right) + 1 \right| \cdot T_{Sr}$,而

检测间隔期 $T_{Sni} = \left| \dfrac{T_{ni}^*}{T_{Sn}} \right| \cdot T_{Sn}$ 或$\left( \left| \dfrac{T_{ni}^*}{T_{Sn}} \right| + 1 \right) \cdot T_{Sn}$，因此部件 $i$ 定期更换周期中进

行功能检测的次数 $K_{Si} = \left| \dfrac{T_{Sri}}{T_{Sni}} \right| - 1$。

所以设备单位时间的期望维修费用为

$$C_S \langle T_{Sn}, T_{Sr} \rangle = \frac{E\left[\,更新周期\left[\,0, J_S \cdot T_{Sr}\,\right]\,内的维修费用\,\right]}{J_S \cdot T_{Sr}}$$

$$C_S \langle T_{Sn}, T_{Sr} \rangle = \frac{\sum\limits_{i=1}^{L} \left\{ \dfrac{J_S \cdot T_{Sr}}{T_{Sri}} \cdot \left[\, CP_i \langle T_{Sni}, T_{Sri} \rangle - (K_{Si} - 1)D_{ni} + C_{ri}\,\right] \right\} + \sum\limits_{j=1}^{m} D_{Srj}}{J_S \cdot T_{Sr}}$$

$$(6-12)$$

需要说明的是，一般情况下各部件的大修期是小修期的整数倍，因此 $CP_i \langle T_{Sni}, T_{Sri} \rangle$ 的计算可由式（6-5）得出；而由于这里以大修期为调整基准进行优化组合，所以可能会出现大修期不是小修期整数倍的情况如图6-4所示，这里就需要进一步计算非整数倍情况下有限期功能检测费用。

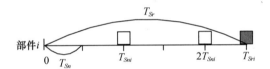

图6-4　大修期不是小修期整数倍的情况

此时

$$CP_i \langle T_{Sni}, T_{Sri} \rangle = K_{Si} \cdot C_{ni} \cdot P_{ni}(T_{Sri}) + \sum_{l=1}^{K_{Si}-1} \big[\, l \cdot C_{ni} + C_{pi}$$

$$+ CP_i \langle T_{Sni}, T_{Sri} - l \cdot T_{Sni} \rangle \,\big] \cdot P_{mi}(l \cdot T_{Sni})$$

$$+ \sum_{j=1}^{K_{Si}-1} \int_{(j-1)T_{Sni}}^{jT_{Sni}} \big[\, (j-1)C_{ni} + C_{fi} + CP_i \langle T_{Sni}, T_{Sri} - x \rangle \,\big] \cdot p_{bi}(x)\,\mathrm{d}x$$

$$+ \int_{(K_{Si}-1)T_{Sni}}^{T_{Sri}} \big[\, (j-1)C_{ni} + C_{fi} + CP_i \langle T_{Sni}, T_{Sri} - x \rangle \,\big]$$

$$\cdot p_{bi}(x)\,\mathrm{d}x + (K_{Si} - 1)D_{ni} \qquad\qquad (6-13)$$

综合式（6-5）和式（6-13），可得

124

$$CP_i \langle T_{Sni}, T_{Sri} \rangle =$$

$$
\begin{cases}
\begin{aligned}
& K_{Si} \cdot C_{ni} \cdot P_{ni}(T_{Sri}) + \sum_{l=1}^{K_{Si}-1} \left[ l \cdot C_{ni} + C_{pi} + CP_i \langle T_{Sni}, T_{Sri} - l \cdot T_{Sni} \rangle \right] \cdot P_{mi}(l \cdot T_{Sni}) \\
& + \sum_{j=1}^{K_{Si}} \int_{(j-1)T_{Sni}}^{jT_{Sni}} \left[ (j-1)C_{ni} + C_{fi} + CP_i \langle T_{Sni}, T_{Sri} - x \rangle \right] \cdot \\
& p_{bi}(x)\,\mathrm{d}x + (K_{Si}-1)D_{ni}, \qquad\qquad\qquad \dfrac{T_{Sri}}{T_{Sni}} \in Z \\[2mm]
& K_{Si} \cdot C_{ni} \cdot P_{ni}(T_{Sri}) + \sum_{l=1}^{K_{Si}-1} \left[ l \cdot C_{ni} + C_{pi} + CP_i \langle T_{Sni}, T_{Sri} - l \cdot T_{Sni} \rangle \right] \cdot P_{mi}(l \cdot T_{Sni}) \\
& + \sum_{j=1}^{K_{Si}-1} \int_{(j-1)T_{Sni}}^{jT_{Sni}} \left[ (j-1)C_{ni} + C_{fi} + CP_i \langle T_{Sni}, T_{Sri} - x \rangle \right] \cdot p_{bi}(x)\,\mathrm{d}x \\
& + \int_{(K_{Si}-1)T_{Sni}}^{T_{Sri}} \left[ (j-1)C_{ni} + C_{fi} + CP_i \langle T_{Sni}, T_{Sri} - x \rangle \right] \cdot \\
& p_{bi}(x)\,\mathrm{d}x + (K_{Si}-1)D_{ni}, \qquad\qquad\qquad \dfrac{T_{Sri}}{T_{Sni}} \notin Z
\end{aligned}
\end{cases}
$$

$$(6-14)$$

因此将式(6-14)代入式(6-12),即可得到设备单位时间内的期望维修费用。再结合部件的安全性或任务性约束,可得出设备维修周期的综合优化模型为

$$
\begin{cases}
\min C_S[T_{Sn}, T_{Sr}] \\
\mathrm{s.\,t.}\ \{P_{bi}(T_{Sni}, T_{Sri}, t)\} \leqslant \{P_{b0i}\} \\
\{A_i(T_{Sni}, T_{Sri})\} \geqslant \{A_{0i}\}
\end{cases}
\qquad (6-15)
$$

# 6.3  短期使用条件下复杂设备复合维修周期优化模型

## 6.3.1  符号与假设

短期使用条件下,复杂设备复合维修建模所需的各种符号与假设与长期使用条件下大部分一致,具体如下:

（1）假设设备运行时间为 $S$；

（2）部件均为单故障模式，且故障的发生相互独立；

（3）功能检测是完善的，期间发生功能故障则进行维修，修复如新；

（4）设备共有 $L$ 个部件，部件 $i$ 的更换间隔期和检测间隔期分别为 $T_{ri}$、$T_{ni}$，更换周期内包括 $K_i$ 个功能检测周期，其间对部件进行 $(K_i-1)$ 次检测；

（5）组合后设备的小修间隔期为 $T_{Sn}$，大修间隔期为 $T_{Sr}$；

（6）$U_i$ 为部件 $i$ 潜在故障发生时的使用时间，也称初始时间，其密度函数和分布函数分别为 $g_i(u)$ 和 $G_i(u)$；

（7）$H_i$ 为部件 $i$ 潜在故障发展到功能故障的使用时间，也称延迟时间，其密度函数和分布函数分别为 $f_i(h)$ 和 $F_i(h)$；

（8）$C_{ri}$ 为部件 $i$ 定期更换的费用；

（9）$C_{ni}$ 为部件 $i$ 功能检测的费用；

（10）$C_{fi}$ 为部件 $i$ 故障后修复性维修及造成设备损失的总费用；

（11）$C_{pi}$ 为部件 $i$ 的预防性更换费用及导致的设备损失；

（12）$D_{ni}$ 为部件 $i$ 功能检测的准备费用和导致的设备停机损失；

（13）$D_{ri}$ 为部件 $i$ 定期更换的准备费用和导致的设备损失；

（14）$C_i\langle T_{ni}, T_{ri}\rangle$ 为部件 $i$ 一个复合维修周期内单位时间的期望费用；

（15）$T_{pri}$ 为部件 $i$ 定期更换所需时间；

（16）$T_{ki}$ 为部件 $i$ 进行功能检测所需时间；

（17）$T_{pi}$ 为部件 $i$ 预防性更换所需时间；

（18）$T_{fi}$ 为部件 $i$ 进行故障更换所需时间；

（19）$C_S\langle T_{Sn}, T_{Sr}, S\rangle$ 为设备有限期 $S$ 内进行复合维修的期望费用。

### 6.3.2　短期使用条件下复合维修的基本模型

**1. 复合维修的费用模型**

如果使用期有限，也可建立相应的模型来计算有限时间内的维修费用。在使用期 $S$ 内，部件 $i$ 更换间隔期为 $T_{ri}$，进行 $N_i$ 次定期更换（$N_i = \left\lfloor \dfrac{S}{T_{ri}} \right\rfloor$）；而每个更换周期内功能检测间隔期为 $T_{ni}$，进行 $K_i-1$ 次功能检测（$K_i = \left\lceil \dfrac{T_{ri}}{T_{ni}} \right\rceil$）。由于每次定期更换后部件进行一次更新，所以可参照第 5 章中有限期定期更换模型对其进行建模分析。

当部件 $i$ 运行时间 $S$ 小于复合维修的更换周期 $T_{ri}$ 时，其维修过程就相当于在短期使用条件下以 $T_{ni}$ 为间隔期的功能检测过程，此时

$$C_i \langle T_{ni}, T_{ri}, S \rangle = CP_i(T_{ni}, S)$$

$CP_i(T_{ni}, S)$ 的表达式与第 5 章中相同,即

$$
\begin{aligned}
CPi(T_{ni}, S) = & KiC_{ni}P_{ni}(S) + \sum_{l=1}^{K_i} [\, l \cdot C_{ni} + C_{pi} \\
& + CP_i(T_{ni}, S - lT_{ni})\,] \cdot P_{mi}(l \cdot T_{ni}) \\
& + \sum_{j=1}^{K_i} \int_{(j-1)T_{ni}}^{jT_{ni}} [\, (j-1)C_{ni} + C_{fi} + CP_i(T_{ni}, S - x)\,] \cdot p_{bi}(x)\mathrm{d}x \\
& + \int_{K_iT_{ni}}^{S} [\, k_i \cdot C_{ni} + C_{fi} + CP_i(T_{ni}, S - x)\,] \cdot p_{bi}(x)\mathrm{d}x + K_iD_{ni}
\end{aligned}
$$

当部件 $i$ 运行时间 $S$ 大于复合维修的更换周期 $T_{ri}$ 时,$N_i = \left| \dfrac{S}{T_{ri}} \right|$,有

$$C_i \langle T_{ni}, T_{ri}, S \rangle = N_i \cdot T_{ri} \cdot C_i \langle T_{ni}, T_{ri} \rangle + CP_i(T_{ni}, S - N_i \cdot T_{ri})$$

综合可得,部件 $i$ 在运行期 $S$ 内的复合维修费用为

$$
C_i \langle T_{ni}, T_{ri}, S \rangle = \begin{cases} CP_i(T_{ni}, S), & S < T_{ri} \\ N_i \cdot T_{ri} \cdot C_i \langle T_{ni}, T_{ri} \rangle + CP_i(T_{ni}, S - N_i \cdot T_{ri}), & S \geqslant T_{ri} \end{cases}
$$

$$(6-16)$$

### 2. 复合维修的风险模型

短期使用条件下复合维修的风险模型同上面无限期的建立过程一样,这里不再赘述,其模型为

$$P_{bi}(T_{ni}, T_{ri}, S) = 1 - \overline{P_{bi}(T_{ni}, T_{ri}, S)} = 1 - R^{N_i}(T_{ni}, T_{ri}) \cdot R(T_{ni}, (S - N_i \cdot T_{ri}))$$

$$(6-17)$$

式中:$N_i = \left| \dfrac{S}{T_{ri}} \right|$。

$R(T_{ni}, T_{ri}) =$

$$
\begin{cases}
1 - \displaystyle\int_0^{T_{ri}} g_i(u)\mathrm{d}u + \int_0^{T_{ri}} g_i(u)[\,1 - F_i(T_{ri} - u)\,]\mathrm{d}u, & T_{ri} = T_{ni} \\[3mm]
1 - \displaystyle\int_0^{T_{ri}} g_i(u)\mathrm{d}u + \int_{(K_i-1)T_{ni}}^{T_{ri}} g_i(u)[\,1 - F_i(T_{ri} - u)\,]\mathrm{d}u \\[3mm]
\quad + \displaystyle\sum_{j=1}^{K_i-1} \left[ \int_{(j-1)T_{ni}}^{jT_{ni}} g(u)[\,1 - F(jT_{ni} - u)\,]\mathrm{d}u \cdot R(T_{ni}, (T_{ri} - jT_{ni})) \right], & T_{ri} > T_{ni}
\end{cases}
$$

式中:$K_i = \left\lceil \dfrac{T_{ri}}{T_{ni}} \right\rceil$。

### 3. 复合维修的可用度模型

有限期时的可用度模型可表示为

$$A_i(T_{ni}, T_{ri}, S) = \frac{S - ET_{fi}(T_{ni}, T_{ri}, S)}{S} \tag{6-18}$$

式中:$ET_{fi}(T_{ni}, T_{ri}, S)$ 为在短期使用条件下 $S$ 内进行复合维修时的期望停机时间。

$ET_{fi}(T_{ni}, T_{ri}, S)$ 的求解过程如下:

当部件 $i$ 的使用期 $S$ 小于其复合维修的更换周期与更换时间之和时,$ET_{fi}(T_{ni}, T_{ri}, S)$ 相当于第 5 章中短期使用条件下以 $T_{ni}$ 为间隔期的功能检测过程中的停机时间 $ET_{fi}(T_{ni}, S)$,因此可参照式(5-45)得出

$ET_{fi}(T_{ni}, T_{ri}, S) =$

$$
\begin{cases}
\displaystyle\int_0^S (S - x) p_{bi}(x)\,dx, & S \leqslant T_{fi} \\[2mm]
\displaystyle\int_0^{S-T_{fi}} \left[ T_f + ET_{fi}(T_{ni}, S - x - T_{fi}) \right] p_{bi}(x)\,dx \\[2mm]
\quad + \displaystyle\int_{S-T_{fi}}^S (S - x) p_{bi}(x)\,dx, & T_{fi} < S < T_{ni} + T_{pi} \\[2mm]
K_i \cdot T_{ki} \cdot P_{ni}(S - K_i \cdot T_{ki}) + \displaystyle\sum_{l=1}^{K_i} \big[ l \cdot T_{ki} + T_{pi} \\[2mm]
\quad + ET_{fi}(T_{ni}, S - l \cdot (T_{ki} + T_{ni}) - T_{pi}) \big] P_{mi}(l \cdot T_{ni}) \\[2mm]
\quad + \displaystyle\sum_{j=1}^{K_i} \int_{(j-1)(T_{ki}+T_{ni})}^{j(T_{ki}+T_{ni})} \big[ (j-1) \cdot T_{ki} + T_{fi} \\[2mm]
\quad + ET_{fi}(T_{ni}, S - x - T_{fi}) \big] p_{bi}(x - (j-1) T_{ki})\,dx & S \geqslant T_{ni} + T_{pi} \\[2mm]
\quad + \left\{
\begin{aligned}
& \displaystyle\int_{K_i(T_{ki}+T_{ni})}^S (K_i \cdot T_{ki} + t - x) p_{bi}(x - K_i \cdot T_{ki})\,dx, && t - K_i(T_{ki} + T_{ni}) \leqslant T_{fi} \\[2mm]
& \displaystyle\int_{K_i(T_{ki}+T_{ni})}^{S-T_{fi}} \big[ K_i \cdot T_{ki} + T_f + ET_{fi}(T_{ni}, S \\
& \qquad - x - T_{fi}) \big] p_{bi}(x - K_i \cdot T_{ki})\,dx \\[2mm]
& + \displaystyle\int_{S-T_{fi}}^S (K_i \cdot T_{ki} + t - x) p_{bi}(x - K_i \cdot T_{ki})\,dx, && t - K_i(T_{ki} + T_{ni}) > T_{fi}
\end{aligned}
\right.
\end{cases}
$$

128

当部件 $i$ 的使用期 $S$ 大于其复合维修的更换周期与更换时间之和时,部件定期更换,此时的停机时间可表示为

$$ET_{fi}(T_{ni}, T_{ri}, S) = N_i \cdot [ET_{fi}(T_{ni}, T_{ri}) + T_{pri}] + ET_{fi}(T_{ni}, S - N_i \cdot (T_{ri} + T_{pri}))$$

综合之,可得

$$ET_{fi}(T_{ni}, T_{ri}, S) =$$

$$\begin{cases} ET_{fi}(T_{ni}, S), & S < T_{ri} + T_{pri} \\ N_i \cdot [ET_{fi}(T_{ni}, T_{ri}) + T_{pri}] + ET_{fi}(T_{ni}, S - N_i \cdot (T_{ri} + T_{pri})), & S \geqslant T_{ri} + T_{pri} \end{cases}$$

$$(6-19)$$

将式(6-19)代入式(6-18),即可得出有限期时部件 $i$ 的可用度。

### 6.3.3 固定组合策略下复杂设备复合维修周期优化模型

在固定组合维修策略下,复杂设备的维修费用主要有两类:各部件的检测费用、检测更新费用、定期更换费用、故障维修费用及导致的停机损失和检测费用;进行功能检测和定期更换所需的准备工作费用及停机损失。因此,其期望维修费用可表示为

$$C_S\langle T_{Sn}, T_{Sr}, S\rangle =$$

$$\begin{cases} \sum_{i=1}^{L} [CP_i\langle T_{Sn}, S\rangle - (K_S - 1)D_{ni}] + (K_S - 1)D_{Sn}, & S < T_{Sr} \\ N_S \cdot \sum_{i=1}^{L} [CP_i\langle T_{Sn}, T_{Sr}\rangle - (K_S - 1)D_{ni} + C_{ri}] \\ + N_S \cdot [(K_S - 1)D_{Sn} + D_{Sr}] + C_S\langle T_{Sn}, T_{Sr}, S - N_S \cdot T_{Sr}\rangle, & S \geqslant T_{Sr} \end{cases}$$

$$(6-20)$$

再结合部件的安全性或任务性约束,可得出设备维修周期的综合优化模型为

$$\begin{cases} \min C_S\langle T_{Sn}, T_{Sr}, S\rangle \\ \text{s. t. } \{P_{bi}(T_{Sn}, T_{Sr}, S)\} \leqslant \{P_{b0i}\} \\ \{A_i(T_{Sn}, T_{Sr}, S)\} \geqslant \{A_{0i}\} \end{cases}$$

$$(6-21)$$

### 6.3.4 优化组合策略下复杂设备复合维修周期优化模型

在优化组合维修策略下,则需要对各个部件的维修间隔期进行调整,部件 $i$

的更换间隔期 $T_{Sri} = \left| \dfrac{T_{ri}^*}{T_{Sr}} \right| \cdot T_{Sr}$ 或 $\left| \left( \dfrac{T_{ri}^*}{T_{Sr}} \right) + 1 \right| \cdot T_{Sr}$，而检测间隔期 $T_{Sni} = \left| \dfrac{T_{ni}^*}{T_{Sn}} \right| \cdot$

$T_{Sn}$ 或 $\left( \left| \dfrac{T_{ni}^*}{T_{Sn}} \right| + 1 \right) \cdot T_{Sn}$，因此其复合维修周期中功能检测的次数 $K_{Si} = \left\lceil \dfrac{T_{Sri}}{T_{Sni}} \right\rceil - 1$。

$$C_S \langle T_{Sn}, T_{Sr}, S \rangle =$$

$$\begin{cases} \displaystyle\sum_{i=1}^{L} \left\{ \begin{array}{l} \mathrm{int}\left(\dfrac{S}{T_{Sri}}\right) \cdot \left[ CP_i \langle T_{Sni}, T_{Sri} \rangle - (K_{Si} - 1)D_{ni} + C_{ri} \right] \\ + \left[ CP_i \left\langle T_{Sn}, S - \mathrm{int}\left(\dfrac{S}{T_{Sri}}\right) \cdot T_{Sri} \right\rangle - (K_{Si} - 1)D_{ni} \right] \end{array} \right\}, \quad S < J_S \cdot T_{Sr} \\[4em] \mathrm{int}\left(\dfrac{S}{J_S \cdot T_{Sr}}\right) \cdot \displaystyle\sum_{i=1}^{L} \left\{ \dfrac{J_S \cdot T_{Sr}}{T_{Sri}} \cdot \left[ CP_i \langle T_{Sni}, T_{Sri} \rangle - (K_{Si} - 1)D_{ni} + C_{ri} \right] \right\} \\ + \mathrm{int}\left(\dfrac{S}{J_S \cdot T_{Sr}}\right) \cdot \displaystyle\sum_{j=1}^{m} D_{Srj} + C_S \left\langle T_{Sn}, T_{Sr}, S - \mathrm{int}\left(\dfrac{S}{T_{Sr}}\right) \cdot T_{Sr} \right\rangle, \quad S \geqslant J_S \cdot T_{Sr} \end{cases} \quad (6-22)$$

式(6-22)中 $CP_i \langle T_{Sni}, T_{Sri} \rangle$ 的表达式仍为

$$CP_i \langle T_{Sni}, T_{Sri} \rangle =$$

$$\begin{cases} \begin{array}{l} K_{Si} \cdot C_{ni} \cdot P_{ni}(T_{Sri}) + \displaystyle\sum_{l=1}^{K_{Si}-1} \left[ l \cdot C_{ni} + C_{pi} \right. \\ \quad \left. + CP_i \langle T_{Sni}, T_{Sri} - l \cdot T_{Sni} \rangle \right] \cdot P_{mi}(l \cdot T_{Sni}) \\ \quad + \displaystyle\sum_{j=1}^{K_{Si}} \int_{(j-1)T_{Sni}}^{jT_{Sni}} \left[ (j-1)C_{ni} + C_{fi} + CP_i \langle T_{Sni}, T_{Sri} - x \rangle \right] \\ \quad \cdot p_{bi}(x)\,\mathrm{d}x + (K_{Si} - 1)D_{ni}, \quad \dfrac{T_{Sri}}{T_{Sni}} \in Z \end{array} \\[8em] \begin{array}{l} K_{Si} \cdot C_{ni} \cdot P_{ni}(T_{Sri}) + \displaystyle\sum_{l=1}^{K_{Si}-1} \left[ l \cdot C_{ni} + C_{pi} \right. \\ \quad \left. + CP_i \langle T_{Sni}, T_{Sri} - l \cdot T_{Sni} \rangle \right] \cdot P_{mi}(l \cdot T_{Sni}) \\ \quad + \displaystyle\sum_{j=1}^{K_{Si}-1} \int_{(j-1)T_{Sni}}^{jT_{Sni}} \left[ (j-1)C_{ni} + C_{fi} + CP_i \langle T_{Sni}, T_{Sri} - x \rangle \right] \cdot p_{bi}(x)\,\mathrm{d}x \\ \quad + \int_{(K_{Si}-1)T_{Sni}}^{T_{Sri}} \left[ (j-1)C_{ni} + C_{fi} + CP_i \langle T_{Sni}, T_{Sri} - x \rangle \right] \\ \quad \cdot p_{bi}(x)\,\mathrm{d}x + (K_{Si} - 1)D_{ni}, \quad \dfrac{T_{Sri}}{T_{Sni}} \notin Z \end{array} \end{cases}$$

结合部件的安全性或任务性约束,可得出设备维修周期的综合优化模型为

$$\begin{cases} \min C_S \langle T_{Sn}, T_{Sr}, S \rangle \\ \text{s. t. } \{P_{bi}(T_{Sn}, T_{Sr}, S)\} \leqslant \{P_{b0i}\} \\ \{A_i(T_{Sn}, T_{Sr}, S)\} \geqslant \{A_{0i}\} \end{cases} \qquad (6-23)$$

## 6.4 复杂设备复合维修工作组合优化算例

下面通过一个维修周期优化的简单算例来演示和验证复杂设备复合维修工作组合优化的效果。假设某复杂设备由 5 个部件组成,其潜在故障初始时间和延迟时间均服从威布尔分布,其定期更换费用 $C_{ri}$、定期更换造成的停机损失 $D_{ri}$、检测更新费用 $C_{pi}$、故障更新及损失费用 $C_{fi}$、功能检测费用 $C_{ni}$、功能检测及其损失费用 $D_{ni}$ 以及部件故障初始时间和延迟时间分布的形状参数 $m_{ui}$、$m_{hi}$ 和尺度参数 $l_{ui}$、$l_{hi}$ 如表 6-1 所列。为简化计算规定设备的更换停机损失为 10000元,检测停机损失为 3800 元。

表 6-1 各部件维修费用及寿命分布参数

| $i$ | $C_{ri}$/元 | $D_{ri}$/元 | $C_{pi}$/元 | $C_{fi}$/元 | $C_{ni}$/元 | $D_{ni}$/元 | $m_{ui}$ | $l_{ui}$/天 | $m_{hi}$ | $l_{hi}$/天 |
|---|---|---|---|---|---|---|---|---|---|---|
| 1 | 1500 | 2000 | 500 | 6000 | 100 | 1000 | 1 | 30 | 1 | 25 |
| 2 | 1000 | 3000 | 400 | 4000 | 50 | 800 | 2 | 20 | 1 | 15 |
| 3 | 1400 | 2100 | 800 | 3000 | 150 | 1200 | 1 | 15 | 3 | 25 |
| 4 | 3800 | 7000 | 1900 | 9000 | 400 | 2800 | 3 | 19 | 5 | 27 |
| 5 | 2900 | 5500 | 700 | 6700 | 200 | 1100 | 2.5 | 16 | 1 | 12 |

利用本书所建立的模型,通过 MatLab7.1 进行编程求解,分别对复合维修工作进行组合前后的维修间隔期和维修费用优化。图 6-5 显示了当功能检测周期和一个更换周期内检测次数分别取不同值时,相应设备单位维修费用的三维图。同时,为直观起见,分别固定检测次数 $K_S$ 的值,将图 6-5 转化为二维图,如图 6-6 和图 6-7 所示。

可知,当功能检测的间隔期为 29 天,更换期内进行 5 次检测时,设备单位维修总费用最小,为 800.4100 元/天;而若采用传统的单部件维修间隔期优化,设备维修总费用为 912.1948 元/天。组合前后检测间隔期、检测次数及维修费用等情况如表 6-2 所列。可见,由于对功能检测工作进行了优化组合,减少了设备准备活动和设备停机次数,维修费用相比原来减少 12.25%。

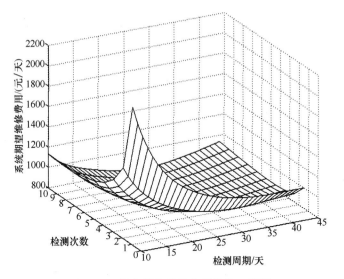

图 6-5 复杂设备维修费用优化三维图

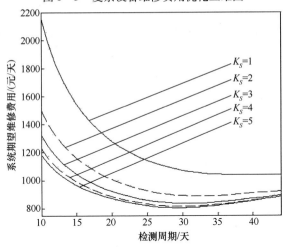

图 6-6 费用 - 检测周期图($K_S = 1, 2, \cdots, 5$)

表 6-2 组合前后功能检测间隔期及维修费用

| 间隔期及费用 | 组合前 | | | | | 组合后 |
|---|---|---|---|---|---|---|
| | 1 | 2 | 3 | 4 | 5 | |
| 功能检测间隔期/元 | 43 | 32 | 36 | 35 | 26 | 29 |
| 检测次数/次 | 5 | 6 | 7 | 8 | 6 | 6 |
| 定期更换间隔期/元 | 215 | 192 | 252 | 280 | 156 | 174 |
| 期望维修费用/(元/天) | 131.4223 | 150.8690 | 98.6460 | 207.8425 | 323.4150 | — |
| 总维修费用/(元/天) | 912.1948 | | | | | 800.4100 |

132

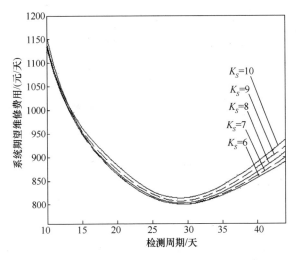

图 6 – 7　费用 – 检测周期图($K_S = 6,7,\cdots,10$)

# 本 章 小 结

　　本章结合维修工程实际需求,研究了复合维修工作的特点及建模方法。以"辅以功能检测的定期更换"这种维修工作为例,应用组合维修策略,从系统的角度分析其维修费用结构和组成,分别建立了其长期使用条件下和短期使用条件下的维修周期优化模型,通过分析可知,这种复合维修模型具有很强的通用性和涵盖性,应用范围很广。

　　复合维修是一种涵盖性很广的维修方式。例如,当延迟时间为零时,复合维修方式即为定期更换维修方式;在长期使用条件下,若更换周期内检测次数趋向于无穷大,则为功能检测维修方式;在短期使用条件下,若在使用期限前不进行更换,则为功能检测方式。所以,本章所研究和建立的复合维修决策模型,是可以涵盖第 5 章典型维修工作的一个通用模型,原因如下:

　　在无限期使用期下:

　　当所有 $K_i = 1$ 时,令延迟时间为零,该模型变为定期更换组合优化模型;

　　当所有 $K_i \rightarrow \infty$ 时,该模型变为功能检测组合优化模型。

　　在有限期使用期下:

　　当所有 $K_i = 1$ 时,令延迟时间为零,该模型变为定期更换组合优化模型;

　　当所有 $K_i = S/T_s$ 时,该模型变为功能检测组合优化模型。

　　因此,复杂设备复合维修决策模型具有很强的通用性和涵盖性。当对复杂设备的维修工作进行组合优化时,若对各部件的复合维修工作进行一些处理,就可转化为第5章所建立的维修决策模型,表6-3归纳和表示了本章所建立的复杂设备复合维修模型与典型维修模型之间的转换关系。

表6-3　复杂设备复合维修模型与典型维修模型的转换关系

| 维修策略 | 维修工作转换关系 | 长期使用条件下 | | | 短期使用条件下 | | |
|---|---|---|---|---|---|---|---|
| | | 定期更换工作组合 | 功能检测工作组合 | 多种维修工作组合 | 定期更换工作组合 | 功能检测工作组合 | 多种维修工作组合 |
| 固定组合策略 | 复合维修工作组合 | $H_i = 0$ $K_S = 1$ $T_{Sri} = T_{Sr}$ | $K_S \to \infty$ $T_{Sni} = T_{Sn}$ | 前面两种情况综合 | $H_i = 0$ $K_S = 1$ $T_{Sri} = T_{Sr}$ | $K_S \geqslant S/T_{Sn}$ $T_{Sni} = T_{Sn}$ | 前面两种情况综合 |
| 优化组合策略 | 复合维修工作组合 | $H_i = 0$ $K_{Si} = 1$ $T_{Sri} \neq T_{Sr}$ | $K_S \to \infty$ $T_{Sni} \neq T_{Sn}$ | 前面两种情况综合 | $H_i = 0$ $K_{Si} = 1$ $T_{Sri} \neq T_{Sr}$ | $K_{Si} \geqslant S/T_{Sn}$ $T_{Sni} \neq T_{Sn}$ | 前面两种情况综合 |

# 第7章 故障相关设备预防性维修工作组合间隔期优化模型

本书第 5、6 章关于多部件设备的建模研究都是在不考虑故障相关性的基础上进行的,在实际中的许多情况下,部件之间故障的发生是相互影响的,这就需要探讨故障相关对维修决策过程的影响,并对其进行定量描述,从而建立考虑故障相关性时复杂设备维修周期的优化模型。

## 7.1 故障相关分析的背景

众所周之,可靠性理论和方法的研究最初源于电子设备。电子部件设备有其自身特殊的性质:首先,由于电子部件的偶然失效期(稳定工作期)较长,在这个时期内可以认为失效率近似恒定;其次,电子部件多是在一定电压(由变压器调节)和限制的电流强度(由熔断器控制)下工作的。在这种较为稳定的系统环境中其失效多是由于高温、振动等局部因素造成的,具有失效的偶然性和局部性特征,因此一般情况下可以认为电子部件的失效是相互统计独立的。

这种情况就造成了在许多可靠性模型中,通常假设设备内部件的寿命分布为统计独立的情况。然而,对于电子设备,寿命分布统计独立可基本成立;对于机械设备,这样的假设在实际中通常是难以满足的,因为这些设备的失效与可靠性问题比电子设备的失效与可靠性问题要复杂得多。

产生复杂性的原因主要就是设备中各部件故障发生的相关性。对许多工程设备而言,“故障相关”是其失效的普遍特征,忽略设备各失效的相关性,简单地在设备各部分失效相互独立的假设下进行系统可靠性分析与设计,常常会导致过大的误差,甚至得出错误的结论。据事后调查报道,2003 年美国“哥伦比亚号”航天飞机的失事就是由于故障相关导致的。事件源于航天飞机燃料外舱上泡沫材料的脱落,这些脱落的材料撞击飞机左翼的热保护设备,从而引发外燃料舱的燃烧,而燃料舱的燃烧又加剧了泡沫材料的脱落。可见,虽然各个事件危害并不严重,然而故障相互作用产生的后果则是灾难性的。因此,有些极端的观点甚至认为:“对此类设备若只考虑故障独立,那么其分析工作就是一种时间和资源的浪费,极有可能会高估设备的可用度,并会对冗余和分集等系统设计提供,事实上也已经提供了误导性的指示"。

具有故障相关性的设备其特点就在于:设备至少包含一个这样的部件,它的故障或者影响另外至少一个部件的故障率,或者对另外至少一个部件的状态产生一定量的损坏。针对故障相关性,相关人员也开展了一些研究。不同的文献对于故障相关性从不同角度进行了分类和探讨,但是这些关于故障相关性的研究多未被用于设备的维修决策中。因此,本书在以上研究的基础上,结合故障相关分析对设备采取适当的维修策略,研究其维修周期的优化方法,并建立其数学模型。

## 7.2 故障相关时故障规律的定量分析

故障相关与故障独立的最大不同之处就在于,设备内一个部件的状态(包括工龄、故障率、故障状态等)会影响其他部件的状态。因此,要进行故障相关复杂设备维修决策研究,首先要对部件之间的这种状态影响进行定量分析和描述。目前存在着各类故障相关的定量分析,包括共因故障分析、冲击故障分析、储备冗余故障分析、互斥故障分析等。然而,在工程设备中涉及最多的是"故障交互",因此本章对这种代表性的故障交互进行定量描述,并研究和建立其维修决策数学模型。

### 7.2.1 故障交互

故障交互是在相关故障作用方向的区分下定义出来的。按照相关故障的作用方向,诸如共因故障、冲击故障等均属于单向作用,即一些部件的故障会对其他部件的故障产生影响,而后者对前者则不产生作用。然而许多情况下,部件之间故障是互相影响双向作用的,这就是故障交互。

故障交互时一个部件的故障对另一部件的影响,大致有两种结果:一是导致其立即发生故障;二是加速其劣化,增大故障率。若一个部件的故障会导致另一部件立即故障,而发生故障之前两个部件的状态相互独立,此类故障就属于直接交互故障(Immediate Interactive Failure)。在机械设备中,往往是发生故障之前,两部件的状态就是相关的,其故障交互分为两个阶段:第一阶段,部件 A 随时间劣化,导致部件 B 劣化的增加,使其故障率增大;第二阶段,部件 B 的劣化又反过来导致部件 A 故障率的增大,此类故障称为逐步退化交互故障(Gradual Degradation Interactive Failure)。由于第二类逐步退化交互故障在机械工程和民用工程中广泛存在,本书将其作为重点研究对象。

### 7.2.2 故障交互影响函数

为了描述和表示故障相关的情况下部件的故障规律,目前的研究通常引入故障交互影响函数(或因子)来表示部件之间故障发生的相互关系,但是这些研究多是只能处理两部件设备。本书介绍一种新的方法,可对包含三个以上部件的复杂设备进行故障交互影响分析。

该方法的基本思路是利用 $\theta_{ij}(t)$ 来表示部件 $j$ 的故障对部件 $i$ 产生的影响,如图 7-1 所示,并对设备构建交互函数矩阵和故障率函数方程,然后应用泰勒幂级数展开得出部件的故障率函数,从而得出其故障交互影响函数的表达形式。

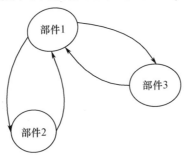

图 7-1  部件的故障交互

假设设备有 $L$ 个部件,$h_{Ii}(t)$ 表示部件 $i$ 的独立故障率,$h_i(t)$ 表示部件 $i$ 的交互故障率,$\boldsymbol{h}_{j_i}(t)_B$ 表示所有与部件 $i$ 存在相关故障的部件在故障交互前的故障率向量,因此有

$$
\begin{cases}
h_1(t) = \varphi_1[h_{I1}(t), \boldsymbol{h}_{j1}(t)_B, t] \\
h_2(t) = \varphi_2[h_{I2}(t), \boldsymbol{h}_{j2}(t)_B, t] \\
\vdots \\
h_i(t) = \varphi_i[h_{Ii}(t), \boldsymbol{h}_{ji}(t)_B, t] \\
\vdots \\
h_L(t) = \varphi_L[h_{IL}(t), \boldsymbol{h}_{jM}(t)_B, t]
\end{cases}
$$

利用泰勒级数展开定理,将上式中的函数进行展开,可得到部件 $i$ 交互故障率的表达式为

$$
\begin{aligned}
h_i(t) &= \varphi_i \lfloor h_{Ii}(t), \boldsymbol{h}_{j_i}(t)_B, t \rfloor \\
&= \varphi_i \big|_{\overrightarrow{h_{j_i}(t)_B} = 0} + \sum_{j_i} \frac{\partial \varphi_i}{\partial h_{j_i}} \bigg|_{h_{j_i}(t)_B = 0} h_{j_i}(t)_B + \sum_{j_i, k_i} \frac{\partial^2 \varphi_i}{2 \partial h_{j_i} h_{k_i}} \bigg|_{h_{j_i}(t)_B = 0} h_{j_i}(t)_B h_{k_i}(t)_B
\end{aligned}
$$

$$+ \sum_{j_i} \left. \frac{\partial^2 \varphi_i}{2 \partial h_{j_i}^2} \right|_{h_{j_i}(t)_B = 0} h_{j_i}^2(t)_B + \cdots$$

将 $h_{j_i}(t)_B$ 提取出来,它又可改写为

$$h_i(t) = \varphi_i|_{h_{ji}(t)_B = 0} + \sum_{j_i} \left\{ \left[ \begin{array}{c} \left. \dfrac{\partial \varphi_i}{\partial h_{ji}} \right|_{h_{ji}(t)_B = 0} + \sum_{k_i} \left. \dfrac{\partial^2 \varphi_i}{2 \partial h_{j_i} h_{k_i}} \right|_{h_{j_i}(t)_B = 0} h_{k_i}(t)_B \\[2mm] + \left. \dfrac{\partial^2 \varphi_i}{2 \partial h_{ji}^2} \right|_{h_{j_i}(t)_B = 0} h_{j_i}(t)_B + \cdots \end{array} \right] \times h_{j_i}(t)_B \right\}$$

当 $\boldsymbol{h}_{j_i}(t)_B = 0$ 时,表示部件 $i$ 不受其他部件的影响,因此 $\varphi_i|_{h_{j_i}(t)_B = 0} = h_{Ii}(t)$。

令

$$\theta_{ij_i} = \left. \frac{\partial \varphi_i}{\partial h_{j_i}} \right|_{h_{ji}(t)_B = 0} + \sum_{k_i} \left. \frac{\partial^2 \varphi_i}{2 \partial h_{j_i} h_{k_i}} \right|_{h_{j_i}(t)_B = 0} h_{k_i}(t)_B + \left. \frac{\partial^2 \varphi_i}{2 \partial h_{ji}^2} \right|_{h_{j_i}(t)_B = 0} h_{j_i}(t)_B + \cdots$$

可得

$$h_i(t) = h_{Ii}(t) + \sum_{j_i} \theta_{ij_i}(t) \cdot h_{j_i}(t)_B, \qquad i = 1, 2, \cdots, L \qquad (7-1)$$

这里的 $\theta_{ij_i}(t)$ 就表示部件 $j$ 对部件 $i$ 的故障交互影响函数,即定量描述了部件之间的故障交互影响。从式 (7-1) 可以看出,每个部件的交互故障率不仅与其本身的独立故障率有关,还与与之存在故障交互的所有部件的故障率有关。

### 7.2.3 故障交互时故障规律的定量表示

要定量表示部件的交互故障率,首先需要了解其故障交互过程。假设在故障交互过程中,各部件的独立故障率不变,那么故障交互会分为不同的阶段来进行和发展。

为了推导和建模方便,用 $\{h^{(n)}(t)\}$ 和 $\{h_I(t)\}$ 表示设备所有部件交互故障率和独立故障率的列向量,用 $[\theta(t)]$ 表示设备部件之间的故障交互函数矩阵。

根据故障交互的发展,其第一阶段可表示为

$$\{h^{(1)}(t)\} = \{h_I(t)\} + [\theta(t)]\{h_I(t)\} = ([I] + [\theta(t)]) \cdot \{h_I(t)\}$$

第二阶段可表示为

$$\{h^{(2)}(t)\} = \{h_I(t)\} + [\theta(t)]\{h^{(1)}(t)\} = ([I] + [\theta(t)] + [\theta(t)]^2) \cdot \{h_I(t)\}$$

以此递推,可知第 $n$ 阶段可表示为

$$\{h^{(n)}(t)\} = \{h_I(t)\} + [\theta(t)]\{h^{(n-1)}(t)\}$$
$$= ([I] + [\theta(t)] + [\theta(t)]^2 + \cdots + [\theta(t)]^n) \cdot \{h_I(t)\}$$

根据矩阵理论,若 $\mathrm{Det}([I]-[\theta(t)])\neq0$,

$$[I]+[\theta(t)]+[\theta(t)]^2+\cdots+[\theta(t)]^n=([I]-[\theta(t)])^{-1}([I]-[\theta(t)]^{n+1})$$

因此有

$$\{h^{(n)}(t)\}=([I]-[\theta(t)])^{-1}([I]-[\theta(t)]^{n+1})\cdot\{h_I(t)\} \quad (7-2)$$

对式(7-2)两边分别取极限,有

$$\lim_{n\to\infty}\{h^{(n)}(t)\}=\{h(t)\},\lim_{n\to\infty}([I]-[\theta(t)]^{n+1})=[I]$$

所以可得

$$\{h(t)\}=([I]-[\theta(t)])^{-1}\cdot\{h_I(t)\} \quad (7-3)$$

令 $[\alpha(t)]=([I]-[\theta(t)])^{-1}$,那么 $[\alpha]$ 也称为状态影响矩阵(State Influence Matrix, SIM),它表示在稳定状态下故障交互之间的影响程度。

若已知设备内各部件的独立故障率和部件之间的故障交互影响函数,即可通过式(7-3)得出各部件在故障交互时的故障率函数,也可得到可靠度函数、故障累积分布函数等其他反映故障规律的函数:

$$\{R_i(t)\}=\exp\left[-\int_0^t\sum_{j=1}^L\alpha_{ij}h_{Ij}(t)\,\mathrm{d}t\right] \quad (7-4)$$

$$\{F_i(t)\}=\left\{1-\exp\left[-\int_0^t\sum_{j=1}^l\alpha_{ij}h_{Ij}(t)\,\mathrm{d}t\right]\right\} \quad (7-5)$$

## 7.3 故障交互对复杂设备维修决策的影响

对于故障独立部件所组成的设备,一个部件的维修活动不会对其余部件的可靠性造成影响,因此部件的维修决策取决于自身的故障规律。若故障相关,一个部件的维修活动却可以产生两方面的作用:首先,部件的维修可以提升其本身的可靠性;其次,该部件维修活动还可降低其故障相关部件的交互风险。这样,在进行维修分析与决策时,对于每次维修活动,不仅要分析被维修部件故障规律的改变,还要研究其对故障相关部件故障规律造成的影响情况。

为建模方便起见,本书对各部件均采取定期更换维修工作的复杂设备进行维修周期优化研究。故障交互对于设备内部件故障规律的影响,可按照复杂设备的两种组合维修策略,分为两种情况:

(1) 当复杂设备采取固定组合维修策略时,所有部件的更换工作同时进行,由于部件更换使其故障率重新归零,因此从系统的角度来说,每次组合更换都是设备的一次"更新",只需研究各部件在这个更新周期内的故障规律情况即可确定设备的维修优化方案。本书将这种情况称为"确定型故障交互"。

（2）当复杂设备采取优化组合维修策略时，各个部件的更换工作并非同时进行，所以对于被更换部件来说，其故障率重新归零；而对于与之故障相关却不需更换的部件，其交互故障率会随之而改变，这就需要对复杂设备的各组更换活动都进行分析，才能确定维修优化方案。本书称为"随机型故障交互"。

下面分别从确定型故障交互和随机型故障交互两个方面对复杂设备故障交互时的维修优化进行研究讨论。

## 7.4 确定型故障交互复杂设备维修周期优化模型

### 7.4.1 符号与假设

（1）按照预定间隔期对部件进行预防性更换，更换后部件如新；期间若发生故障则对其进行维修，维修前后部件故障率不变。

（2）设备共有 $L$ 个部件，部件 $i$ 的独立故障率函数和交互故障率函数分别为 $h_{Ii}(t)$ 和 $h_i(t)$。

（3）组合后设备的预防性维修间隔期为 $T_{Sr}$。

（4）$C_{ri}$ 为第 $i$ 个部件定期更换的维修费用。

（5）$C_{fi}$ 为发生故障后第 $i$ 个部件的修复性维修费用及损失费用。

（6）$D_{Sr}$ 为维修工作组合的准备费用和导致的设备停机损失。

（7）$C_{RS}(T_{Sr})$ 为设备以周期 $T_{Sr}$ 进行组合维修时，长期使用条件下单位时间的期望维修费用。

（8）$CR_S(T_{Sr},S)$ 为设备以周期 $T_{Sr}$ 进行组合维修时，短期使用条件下 $S$ 内的期望维修费用。

（9）$T_{fi}$ 为部件 $i$ 故障修复所需时间。

（10）$T_{Sp}$ 为设备进行预防性更换组合所需时间。

### 7.4.2 长期使用条件下复杂设备维修周期优化模型

确定型故障交互情况下复杂设备维修决策模型的构建比较简单，基本原理和过程与第 5 章中定期更换组合周期优化一样，区别之处在于故障交互对于部件故障率产生影响，从而使得其故障风险和可用度都需因之而调整。

**1. 确定型故障交互复杂设备维修费用分析**

在确定型故障交互情况下，由于每个组合更换周期都是复杂设备的一次更

新,所以利用更新报酬过程的基本理论,可知设备单位时间的期望维修费用为

$$CR_S(T_{Sr}) = \frac{E[\text{一个故障交互更新周期中的维修费用}]}{E[\text{一个故障交互更新周期的时间}]}$$

在每个故障交互更新周期中,设备维修费用包括两部分:一是各部件的预防性更换和修复性维修及故障损失费用;二是系统更换的停机损失费用。因此,有

$$CR_S(T_{Sr}) = \frac{E[\text{一个故障交互更新周期中的报酬}]}{E[\text{一个故障交互更新周期的时间}]}$$

$$= \frac{\sum_{i=1}^{L} \left[ C_{fi} \cdot EN_{bi}(T_{Sr}) + C_{ri} \right] + D_{Sr}}{T_{Sr}} \quad (7-6)$$

根据假设,部件更换周期内的故障维修不改变故障率,因此式(7-6)中的期望故障次数为

$$EN_{bi}(T_{Sr}) = \int_0^{T_{Sr}} h_i(t)\,\mathrm{d}t \quad (7-7)$$

需要说明的是,这里的故障率 $h_i(t)$ 表示的是考虑故障相关性时部件的交互故障率,根据式(7-3),其为

$$\{h_i(t)\} = ([I] - [\theta_{ij}(t)])^{-1} \{h_{li}(t)\} \quad (7-8)$$

将式(7-7)、式(7-8)代入式(7-6),即可得出确定型故障交互情况下复杂设备单位时间内的期望维修费用。

**2. 部件风险模型**

复杂设备内部件 $i$ 的风险模型为

$$P_{bi}(T_{Sr}, t) = 1 - R_i^{N_S}(T_{Sr}) \cdot R_i(t - N_S \cdot T_{Sr}) \quad (7-9)$$

式中:$N_S$ 为 $t$ 时刻前进行设备更换的次数,$N_S = \left| \dfrac{t}{T_{Sr}} \right|$。

又知

$$R_i(t_r) = \exp\left[ -\int_0^{t_r} h_i(t)\,\mathrm{d}t \right] \quad (7-10)$$

所以将式(7-10)代入式(7-9)即可得到部件的风险模型。

**3. 部件可用度模型**

根据再生过程理论,部件 $i$ 的可用度为

$$A_i(T_{Sr}) = \frac{E[\text{一个更新周期中处于工作状态的时间}]}{E[\text{一个故障交互更新周期的时间}]}$$

因此,有

$$A_i(T_{Sr}) = \frac{T_{Sr} - ET_{fi}(T_{Sr})}{T_{Sr} + T_{Sp}}$$ (7-11)

式中:$ET_{fi}(T_{Sr})$ 为部件 $i$ 在设备更换周期 $T_{Sr}$ 内的期望停机时间,等于更换周期内故障次数与故障修复时间的乘积,即

$$ET_{fi}(T_{Sr}) = EN_{bi}(T_{Sr}) \cdot T_{fi} = \int_0^{T_{Sr}} h_i(t)\mathrm{d}t \cdot T_{fi}$$ (7-12)

综合之,可得设备以部件安全性和任务性为约束的更换周期优化模型为

$$\begin{cases} \min CR_S(T_{Sr}) = \min\left\{ \dfrac{\sum\limits_{i=1}^{L}\left[ C_{fi} \cdot EN_{bi}(T_{Sr}) + C_{ri} \right] + D_{Sr}}{T_{Sr}} \right\} \\ \mathrm{s.\,t.}\ \{P_{bi}(T_{Sr},t)\} \leqslant \{P_{b0i}\} \\ \{A_i(T_{Sr})\} \geqslant \{A_{0i}\} \end{cases}$$ (7-13)

### 7.4.3 短期使用条件下复杂设备维修周期优化模型

**1. 确定型故障交互复杂设备维修费用分析**

设在使用期 $S$ 内,设备更换间隔期为 $T_{Sr}$,进行 $N_S$ 次更换($N_S = \left| \dfrac{S}{T_{Sr}} \right|$)。

若设备的运行期 $S < T_{Sr}$,则只进行故障修复,不进行预防更换,因此其单位时间的期望维修费用为

$$CR_S(T_{Sr},S) = \sum_{i=1}^{L} C_{fi} \cdot EN_{bi}(S)$$

而当 $S \geqslant T_{Sr}$ 时,其期望维修费用为

$$CR_S(T_{Sr},S) = N_S\left[ \sum_{i=1}^{L} C_i \cdot EN_{bi}(T_{Sr}) + \sum_{i=1}^{L} C_{ri} + D_{Sr} \right] + CR_S(T_{Sr}, S - N_S \cdot T_{Sr})$$

由以上分析可得设备维修费用模型为

$$CR_S(T_{Sr},S) =$$

$$\begin{cases} \sum\limits_{i=1}^{L} C_{fi} \cdot EN_{bi}(S), & S < T_{Sr} \\ N_S\left[ \sum\limits_{i=1}^{L} C_{fi} \cdot EN_{bi}(T_{Sr}) + \sum\limits_{i=1}^{L} C_{ri} + D_{Sr} \right] + CR_S(T_{Sr}, S - N_S \cdot T_{Sr}), & S \geqslant T_{Sr} \end{cases}$$

$$(7-14)$$

**2. 部件风险模型**

有限期下复杂设备内部件 $i$ 的风险模型同无限期下一样,这里直接给出其表达式为

$$P_{bi}(T_{Sr}, S) = 1 - R_i^{N_S}(T_{Sr}) \cdot R_i(S - N_S \cdot T_{Sr}) \tag{7-15}$$

式中:$R_i(T_{Sr}) = \exp\left[-\int_0^{T_{Sr}} h_i(t)\,\mathrm{d}t\right]$;$N_S$ 为 $S$ 时刻前进行设备更换的次数,$N_S = \left|\dfrac{S}{T_{Sr}}\right|$。

**3. 部件可用度模型**

在短期使用条件下,部件 $i$ 的可用度可表示为

$$A_i(T_{Sr}, S) = \frac{S - ET_{fi}(T_{Sr}, S)}{S} \tag{7-16}$$

式中:$ET_{fi}(T_{Sr}, S)$ 为短期使用条件下 $S$ 内设备以 $T_{Sr}$ 为间隔期进行定期更换时部件 $i$ 的期望停机时间。由于可用度模型不可忽略更换和维修的时间,所以这里将更换次数重新定义为 $N_S = \left|\dfrac{S}{T_{Sr} + T_{Sp}}\right|$。

由于设备的运行期 $S < T_{Sr}$ 时只进行故障修复,不进行预防更换,因此部件 $i$ 的停机时间即为故障修复时间,此时有

$$ET_{fi}(T_{Sr}, S) = T_{fi} \cdot EN_{bi}(S)$$

当 $S \geqslant T_{Sr}$ 时,由于要进行设备更换,所以停机时间还应包括设备更换时间,此时有

$$ET_{fi}(T_{Sr}, S) = N_S \cdot [T_{fi} \cdot EN_{bi}(T_{Sr}) + T_{Sp}] + ET_{fi}(T_{Sr}, S - N_S \cdot (T_{Sr} + T_{Sp}))$$

因此部件 $i$ 的期望停机时间为

$$ET_{fi}(T_{Sr}, S) =$$

$$\begin{cases} T_{fi} \cdot EN_{bi}(S), & S < T_{Sr} \\ N_S \cdot [T_{fi} \cdot EN_{bi}(T_{Sr}) + T_{Sp}] + ET_{fi}(T_{Sr}, S - N_S \cdot (T_{Sr} + T_{Sp})), & S \geqslant T_{Sr} \end{cases}$$

$$\tag{7-17}$$

综合之,可得设备有限期望下以部件安全性和任务性为约束的更换周期优化模型为

$$\begin{cases} \min CR_S(T_{Sr}, S) \\ \text{s. t. } \{P_{bi}(T_{Sr}, S)\} \leqslant \{P_{b0i}\} \\ \{A_i(T_{Sr}, S)\} \geqslant \{A_{0i}\} \end{cases} \tag{7-18}$$

143

## 7.4.4 确定型故障交互复杂设备维修周期优化算例

假设长期使用条件下某复杂设备由 5 个部件组成,各部件寿命均服从威布尔分布,其定期更换费用 $C_{ri}$、修复性维修费用 $C_{fi}$、寿命分布形状参数 $m_i$ 和尺度参数 $l_i$ 如表 7-1 所列,设备组合更换准备活动和停机损失 $D_{Sr}$ 为 1300 元。

表 7-1 各部件维修费用及寿命分布参数

| 费用寿命参数 | 1 | 2 | 3 | 4 | 5 |
|---|---|---|---|---|---|
| $C_{ri}$/元 | 1000 | 450 | 590 | 330 | 600 |
| $C_{fi}$/元 | 3000 | 2500 | 2680 | 1860 | 3400 |
| $m_i$ | 2 | 3 | 1.5 | 2.5 | 4 |
| $l_i$/天 | 50 | 85 | 55 | 56 | 63 |

同时,假设各部件的故障交互函数为常数,其故障交互影响矩阵为

$$[\theta(t)] = \begin{bmatrix} 0 & 0 & 0.03 & 0.04 & 0 \\ 0.01 & 0 & 0 & 0.02 & 0.06 \\ 0.03 & 0 & 0 & 0.05 & 0.05 \\ 0.06 & 0.08 & 0.06 & 0 & 0.07 \\ 0 & 0.04 & 0.04 & 0 & 0 \end{bmatrix}$$

由于各部件对其本身不会产生故障交互,因此可以看出上面矩阵中主对角线元素均为 0。而非主对角线元素 $\theta_{ij}(t) = 0$ 则表示,部件 $j$ 的故障对部件 $i$ 并不产生直接影响。

此时,该设备的状态影响矩阵为

$$[\alpha(t)] = ([I] - [\theta(t)])^{-1} = \begin{bmatrix} 1.0035 & 0.0035 & 0.0328 & 0.0419 & 0.0048 \\ 0.0114 & 1.0041 & 0.0041 & 0.0207 & 0.0619 \\ 0.0334 & 0.0063 & 1.0063 & 0.0518 & 0.0543 \\ 0.0633 & 0.0838 & 0.0655 & 1.0075 & 0.0788 \\ 0.0018 & 0.0404 & 0.0404 & 0.0029 & 1.0046 \end{bmatrix}$$

这样,根据 $\{h_i(t)\} = ([I] - [\theta(t)])^{-1} \cdot \{h_{li}(t)\}$ 即可得出设备内各部件在故障交互时的故障率函数。

在确定型故障交互情况下,复杂设备维修期望费用可表示为

$$CR_S(T_{Sr}) = \frac{\sum_{i=1}^{5} \left[ C_{fi} \cdot \int_0^{T_{Sr}} h_i(t)\,\mathrm{d}t + C_{ri} \right] + D_{Sr}}{T_{Sr}}$$

对其进行优化求解,可得到复杂设备最优的组合更换周期 $T_{Sr}^*$ 为 28.9 天,相

144

应期望维修费用为 256.32 元/天;而若不考虑部件之间的故障交互,应用第 5 章中的维修决策模型得到的最优更换周期为 34.8 天,相应期望维修费用为 233.52 元/天。

由此可见,故障交互的存在使得部件发生故障的概率增大,因此在进行定期更换时其周期会相应缩短,同时也导致了期望维修费用的增大。

## 7.5 随机型故障交互复杂设备维修周期优化模型

在随机型故障交互情况下,复杂设备内各部件交互故障率就不能按照确定型故障交互的情况直接得出。由于设备更换活动对各个部件的影响不同,需要在分析每次设备更换活动对部件故障率影响的基础上,建立随机型故障交互情况下的维修周期优化模型。

### 7.5.1 随机型故障交互部件故障率的计算

本节的符号与假设与 7.4.1 节基本相同,不同之处主要是将各部件的维修周期进行了调整:

(1)按照预定间隔期对部件进行预防性更换,更换后部件如新;期间若发生故障则对其进行维修,维修前后部件故障率不变。

(2)设备共有 $L$ 个部件,部件 $i$ 的独立故障率函数和交互故障率函数分别为 $h_{Ii}(t)$ 和 $h_i(t)$。

(3)组合后设备的预防性维修间隔期为 $T_{Sr}$。

(4)$C_{ri}$ 为第 $i$ 个部件定期更换的维修费用。

(5)$C_{fi}$ 为发生故障后第 $i$ 个部件的修复性维修费用及损失费用。

(6)$CR_S(T_{Sr})$ 为设备以周期 $T_{Sr}$ 进行组合维修时,长期使用条件下单位时间的期望维修费用。

(7)$CR_S(T_{Sr}, S)$ 为设备以周期 $T_{Sr}$ 进行组合维修时,短期使用条件下 $S$ 内的期望维修费用。

(8)$T_{fi}$ 为部件 $i$ 故障修复所需时间。

(9)$T_{Sp}$ 为设备进行预防性更换组合所需时间。

(10)$T_{ri}^*$ 为部件 $i$ 不考虑相关故障时的费用最优维修周期。

(11)$D_{Srj}$ 为第 $j$ 组组合更换工作的准备费用和导致的设备损失。

(12)组合后设备的基本更换间隔为 $T_{Sr}$,由于故障交互会增大部件故障率,将部件 $i$ 的更换间隔期调整为 $T_{Sri} = \left| \dfrac{T_{ri}^*}{T_{Sr}} \right| \cdot T_{Sr}$。

交互故障率是进行复杂设备维修决策所需的关键可靠性函数,也是随机型故障交互情况下进行设备可靠性分析的前提,因此本节将分析研究随机型故障交互设备的部件故障率。

当进行设备更换时,对于其中被更换的部件,其故障率会重新置零;而对于未被更换的部件,由于存在故障相关,与之存在故障交互的部件对其故障率所造成的影响也会降低。也就是说,设备的每一次更换产生的作用有两个:一是使被更换部件的故障率置零;二是使与之故障相关部件的交互故障率降低。图 7-2 所示为三个故障交互部件故障率变化情况的示例。

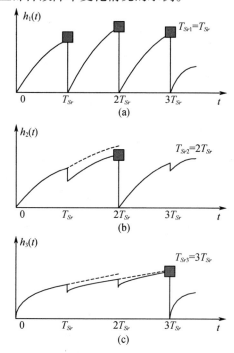

图 7-2　随机型故障交互时部件故障率的变化情况

(图中 ■ 表示定期更换工作,虚线表示若不进行相应设备更换时部件故障率的变化情况)

根据公式 $\{h(t)\} = ([I] - [\theta(t)])^{-1} \cdot \{h_I(t)\}$ 可知,若要得出每个更换周期部件的交互故障率,在已知交互函数的基础上,关键是要得出各部件的独立故障率函数。由于每个设备更换周期内部件的故障率会发生改变,所以需要分析每个设备更换区间 $[(j-1) \cdot T_{Sr}, j \cdot T_{Sr}]$ 内部件 $i$ 的独立故障率。

为了下面建模方便,令 $J_{Si} = \left| \dfrac{T_{ri}^*}{T_{Sr}} \right|$,$h_{Ii}[(j-1) \cdot T_{Sr}, j \cdot T_{Sr}]$ 表示部件 $i$ 在 $[(j-1) \cdot T_{Sr}, j \cdot T_{Sr}]$ 内的独立故障率,以图 7-2(b) 为例进行分析。

146

在第 1 个更换周期内:$h_{I2}[0,T_{Sr}]=h_{I2}(t)$。

在第 2 个更换周期内:$h_{I2}[T_{Sr},2T_{Sr}]=h_{I2}(t+T_{Sr})$。

在第 3 个更换周期内:$h_{I2}[2T_{Sr},3T_{Sr}]=h_{I2}(t)$。

因此可知,在更换周期$[(j-1)\cdot T_{Sr},j\cdot T_{Sr}]$内,若部件$i$恰好在周期开始时进行更换,则其独立故障率等于$h_{Ii}(t)$;而若不进行更换,其独立故障率相当于在函数中的变量$t$上再加上更换后的役龄。

为了统一起见,将每个更换周期内各部件的独立故障率写出通式的形式,即

$$h_{Ii}[(j-1)\cdot T_{Sr},j\cdot T_{Sr}]=\begin{cases}h_{Ii}(t), & (j-1)/J_{Si}\in Z\\h_{Ii}(t+(j-1)\%J_{Si}\cdot T_{Sr}), & (j-1)/J_{Si}\notin Z\end{cases}$$

$$(7-19)$$

式中:$(j-1)/J_{Si}\in Z$ 为在周期$[(j-1)\cdot T_{Sr},j\cdot T_{Sr}]$开始时部件$i$进行更换; $(j-1)/J_{Si}\notin Z$ 为在周期$[(j-1)\cdot T_{Sr},j\cdot T_{Sr}]$开始时部件$i$不更换;$A\%B$表示对$A/B$求余。

在得出每个设备更换周期内各部件的独立故障率后,再将其代入$\{h(t)\}=([I]-[\theta(t)])^{-1}\cdot\{h_I(t)\}$,就得到了$[(j-1)\cdot T_{Sr},j\cdot T_{Sr}]$内部件$i$的交互故障率,即

$$\{h_i[(j-1)\cdot T_{Sr},j\cdot T_{Sr}]\}=([I]-[\theta_{ij}(t)])^{-1}\{h_{Ii}[(j-1)\cdot T_{Sr},j\cdot T_{Sr}]\}$$

$$(7-20)$$

### 7.5.2 长期使用条件下复杂设备维修周期优化模型

在长期使用条件下,若应用更新过程理论分析设备维修费用和其他可靠性指标模型,首先要明确并构建其更新过程。显然,对于包含$L$个部件的随机型故障交互复杂设备,其一个更新周期是所有部件更换周期的最小公倍数。

**1. 随机型故障交互复杂设备维修费用分析**

这里令$J_S$为$[J_{S1},J_{S2},\cdots,J_{SL}]$的最小公倍数,则设备的更新周期为$J_S\cdot T_{Sr}$,所以设备单位时间的期望维修费用为

$$CR_S(T_{Sr})=\frac{E[\text{更新周期}[0,J_S\cdot T_{Sr}]\text{内的维修费用}]}{J_S\cdot T_{Sr}}$$

即

$$CR_S(T_{Sr})=\frac{\sum_{i=1}^{L}\left\{\sum_{j=1}^{J_S}C_{fi}\cdot EN_{bi}[(j-1)\cdot T_{Sr},j\cdot T_{Sr}]+\frac{J_S}{J_{Sri}}\cdot C_{ri}\right\}+\sum_{j=1}^{m}D_{Srj}}{J_S\cdot T_{Sr}}$$

$$(7-21)$$

式中：$EN_{bi}\big[(j-1)\cdot T_{Sr},j\cdot T_{Sr}\big]$ 为部件 $i$ 在更换周期 $\big[(j-1)\cdot T_{Sr},j\cdot T_{Sr}\big]$ 内的期望故障次数，即

$$EN_{bi}\big[(j-1)\cdot T_{Sr},j\cdot T_{Sr}\big]=\int_{0}^{T_{Sr}}h_i\big[(j-1)\cdot T_{Sr},j\cdot T_{Sr}\big]\mathrm{d}t \qquad (7-22)$$

将式(7-20)、式(7-22)代入式(7-21)，即可得出随机型故障交互复杂设备维修费用模型。

**2. 部件风险模型**

由于不同部件之间的故障交互，对于部件 $i$ 其更新周期同样是 $J_S\cdot T_{Sr}$，因此其风险模型为

$$P_{bi}(T_{Sir},t)=1-R_i^{N_S}(J_S\cdot T_{Sr})\cdot R_i(t-N_S\cdot J_S\cdot T_{Sr}) \qquad (7-23)$$

式中：$N_S$ 为 $t$ 时刻前进行设备更新周期的次数，$N_S=\left|\dfrac{t}{J_S\cdot T_{Sr}}\right|$。

又知

$$R_i(J_S\cdot T_{Sr})=\exp\Big[-\sum_{j=1}^{J_S}\int_{0}^{T_{Sr}}h_i\big[(j-1)\cdot T_{Sr},j\cdot T_{Sr}\big]\mathrm{d}t\Big] \qquad (7-24)$$

令 $K_S=\left|\dfrac{t-N_S\cdot J_S\cdot T_{Sr}}{T_{Sr}}\right|$，它表示使用期$(t-N_S\cdot J_S\cdot T_{Sr})$内进行设备更换的次数，则

$$\begin{aligned}R_i(t-N_S\cdot J_S\cdot T_{Sr})=\exp\Big[&-\sum_{j=1}^{K_S}\int_{0}^{T_{Sr}}h_i\big[(j-1)\cdot T_{Sr},j\cdot T_{Sr}\big]\mathrm{d}t\\&-\int_{0}^{t-N_S\cdot J_S\cdot T_{Sr}}h_i\big[K_S\cdot T_{Sr},(K_S+1)\cdot T_{Sr}\big]\mathrm{d}t\Big]\end{aligned}$$

$$(7-25)$$

所以将式(7-24)、式(7-25)代入式(7-23)即可得到部件的风险模型。

**3. 部件可用度模型**

根据再生过程理论，部件 $i$ 的可用度为

$$A_i(T_{Sri})=\frac{J_S\cdot T_{Sr}-ET_{fi}(J_S\cdot T_{Sr})-\left(\dfrac{J_S}{J_{Sri}}-1\right)\cdot T_{pi}}{J_S\cdot T_{Sr}+T_{Sp}} \qquad (7-26)$$

式中：$ET_{fi}(T_{Sr})$ 为部件 $i$ 在设备更新周期 $J_S\cdot T_{Sr}$ 内的期望停机时间，等于更换周期内故障次数与故障修复时间的乘积，即

$$ET_{fi}(J_S \cdot T_{Sr}) = EN_{bi}(J_S \cdot T_{Sr}) = T_{fi} \cdot \sum_{j=1}^{J_S} \int_0^{T_{Sr}} h_i \big[ (j-1) \cdot T_{Sr}, j \cdot T_{Sr} \big] \mathrm{d}t$$

$$(7-27)$$

综合之,可得设备以部件安全性和任务性为约束的更换周期优化模型为

$$\begin{cases} \min CR_S(T_{Sr}) = \min \left\{ \dfrac{\displaystyle\sum_{i=1}^{L} \left\{ \displaystyle\sum_{j=1}^{J_S} C_{fi} \cdot EN_{bi} \big[ (j-1) \cdot T_{Sr}, j \cdot T_{Sr} \big] + \dfrac{J_S}{J_{Sri}} \cdot C_{ri} \right\} + D_{Sr}}{J_S \cdot T_{Sr}} \right\} \\ \mathrm{s.\,t.\,} \{ P_{bi}(T_{Sri}, t) \} \leqslant \{ P_{b0i} \} \\ \{ A_i(T_{Sri}) \} \geqslant \{ A_{0i} \} \end{cases}$$

$$(7-28)$$

### 7.5.3　短期使用条件下复杂设备维修周期优化模型

**1. 随机型故障交互复杂设备维修费用分析**

设复杂设备的使用期为 $S$,根据上面分析,由于设备更新周期为 $J_S \cdot T_{Sr}$,所以使用期内的更新周期数为 $N_S = \left| \dfrac{S}{J_S \cdot T_{Sr}} \right|$。

若复杂设备的使用期 $S < J_S \cdot T_{Sr}$,则设备单位时间的期望维修费用为

$$CR_S(T_{Sr}, S) = \sum_{i=1}^{L} \left\{ \begin{aligned} & \sum_{j=1}^{K_S} C_{fi} \cdot EN_{bi} \big[ (j-1) \cdot T_{Sr}, j \cdot T_{Sr} \big] + \left| \frac{S}{J_{Sri}} \right| \cdot C_{ri} \\ & + C_{fi} \cdot EN_{bi} \big[ K_S \cdot T_{Sr}, S \big] \end{aligned} \right\}$$

$$(7-29)$$

式中: $K_S$ 为使用期 $S$ 内进行设备更换的次数, $K_S = \left| \dfrac{S}{T_{Sr}} \right|$ ; $EN_{bi} \big[ K_S \cdot T_{Sr}, S \big]$ 为部件 $i$ 在 $[ K_S \cdot T_{Sr}, S ]$ 内的期望故障次数,即

$$EN_{bi} \big[ K_S \cdot T_{Sr}, S \big] = \int_0^{S-K_S \cdot T_{Sr}} h_i \big[ K_S \cdot T_{Sr}, (K_S+1) \cdot T_{Sr} \big] \mathrm{d}t \quad (7-30)$$

而当使用期 $S \geqslant J_S \cdot T_{Sr}$ 时,设备的期望维修费用为

$$CR_S(T_{Sr}, S) = N_S \cdot \sum_{i=1}^{L} \left\{ \sum_{j=1}^{J_S} C_{fi} \cdot EN_{bi} \big[ (j-1) \cdot T_{Sr}, j \cdot T_{Sr} \big] + \frac{J_S}{J_{Sri}} \cdot C_{ri} \right\}$$

$$+ N_S \cdot D_{Sr} + CR_S(T_{Sr}, S - N_S \cdot T_{Sr}) \qquad (7-31)$$

149

由以上分析综合可得设备维修费用模型为

$$CR_S(T_{Sr},S) =$$

$$\begin{cases} \sum_{i=1}^{L} \left\{ \sum_{j=1}^{K_S} C_{fi} \cdot EN_{bi}\big[(j-1) \cdot T_{Sr}, j \cdot T_{Sr}\big] + \mathrm{int}\left(\dfrac{S}{J_{Sri}}\right) \cdot C_{ri} \right\} & S < J_S \cdot T_{Sr} \\ \quad + C_{fi} \cdot EN_{bi}[K_S \cdot T_{Sr}, S] & \\ N_S \cdot \sum_{i=1}^{L} \left\{ \sum_{j=1}^{J_S} C_{fi} \cdot EN_{bi}\big[(j-1) \cdot T_{Sr}, j \cdot T_{Sr}\big] + \dfrac{J_S}{J_{Sri}} \cdot C_{ri} \right\} & \\ \quad + N_S \cdot D_{Sr} + CR_S(T_{Sr}, S - N_S \cdot T_{Sr}) & S \geqslant J_S \cdot T_{Sr} \end{cases}$$

$$(7-32)$$

**2. 部件风险模型**

有限期下复杂设备内部件 $i$ 的风险模型同无限期下一样,这里直接给出其表达式为

$$P_{bi}(T_{Sir},S) = 1 - R_i^{N_S}(J_S \cdot T_{Sr}) \cdot R_i(S - N_S \cdot J_S \cdot T_{Sr}) \qquad (7-33)$$

式中:$N_S$ 为 $S$ 时刻前进行设备更新周期的次数,$N_S = \left| \dfrac{S}{J_S \cdot T_{Sr}} \right|$。

又知

$$R_i(J_S \cdot T_{Sr}) = \exp\left[ -\sum_{j=1}^{J_S} \int_0^{T_{Sr}} h_i\big[(j-1) \cdot T_{Sr}, j \cdot T_{Sr}\big]\mathrm{d}t \right]$$

$$R_i(S - N_S \cdot J_S \cdot T_{Sr}) = \exp\left[ -\sum_{j=1}^{K_S} \int_0^{T_{Sr}} h_i\big[(j-1) \cdot T_{Sr}, j \cdot T_{Sr}\big]\mathrm{d}t \right.$$

$$\left. - \int_0^{S-N_S \cdot J_S \cdot T_{Sr}} h_i\big[K_S \cdot T_{Sr}, (K_S+1) \cdot T_{Sr}\big]\mathrm{d}t \right]$$

所以将其代入式(7-33)即可得到部件的风险模型。

**3. 部件可用度模型**

在短期使用条件下,部件 $i$ 的可用度可表示为

$$A_i(T_{Sr},S) = \frac{S - ET_{fi}(T_{Sr},S)}{S} \qquad (7-34)$$

式中:$ET_{fi}(T_{Sr},S)$ 为短期使用条件下 $S$ 内设备以 $T_{Sr}$ 为间隔期进行定期更换时部件 $i$ 的期望停机时间。

150

当设备的运行期 $S < J_S \cdot T_{Sr}$ 时，部件 $i$ 的停机时间为

$$ET_{fi}(T_{Sr},S) = T_{fi} \cdot EN_{bi}(S) \qquad\qquad (7-35)$$

其中

$$EN_{bi}(S) = \sum_{j=1}^{K_S} EN_{bi}\big[(j-1)\cdot T_{Sr},j\cdot T_{Sr}\big] + EN_{bi}\big[K_S \cdot T_{Sr},S\big]$$

$$= \sum_{j=1}^{K_S} \int_0^{T_{Sr}} h_i\big[(j-1)\cdot T_{Sr},j\cdot T_{Sr}\big]\mathrm{d}t$$

$$+ \int_0^{S-N_S\cdot J_S\cdot T_{Sr}} h_i\big[K_S \cdot T_{Sr},(K_S+1)\cdot T_{Sr}\big]\mathrm{d}t$$

当 $S \geqslant J_S \cdot T_{Sr}$ 时，停机时间还包括设备更换时间，令 $N_S = \left|\dfrac{S}{J_S \cdot T_{Sr}+T_{Sp}}\right|$，

此时

$$ET_{fi}(T_{Sr},S) = N_S \cdot \big[T_{fi} \cdot EN_{bi}(J_S \cdot T_{Sr}) + T_{Sp}\big]$$

$$+ ET_{fi}(T_{Sr},S-N_S\cdot(J_S \cdot T_{Sr}+T_{Sp})) \qquad (7-36)$$

其中

$$EN_{bi}(J_S \cdot T_{Sr}) = \sum_{j=1}^{J_S} EN_{bi}\big[(j-1)\cdot T_{Sr},j\cdot T_{Sr}\big]$$

$$= \sum_{j=1}^{J_S} \int_0^{T_{Sr}} h_i\big[(j-1)\cdot T_{Sr},j\cdot T_{Sr}\big]\mathrm{d}t$$

综合式(7-35)和式(7-36)可得部件 $i$ 的期望停机时间为

$$ET_{fi}(T_{Sr},S) = \begin{cases} \sum_{j=1}^{K_S} EN_{bi}\big[(j-1)\cdot T_{Sr},j\cdot T_{Sr}\big] + EN_{bi}\big[K_S \cdot T_{Sr},S\big] & S < T_{Sr} \\[2mm] N_S\big[T_{fi}\cdot \sum_{j=1}^{J_S} EN_{bi}\big[(j-1)\cdot T_{Sr},j\cdot T_{Sr}\big] + T_{Sp}\big] & \\[2mm] + ET_{fi}(T_{Sr},S-N_S\cdot(J_S\cdot T_{Sr}+T_{Sp})) & S \geqslant T_{Sr} \end{cases}$$

$$(7-37)$$

将式(7-32)、式(7-33)和式(7-34)综合可得设备维修费用模型为

$$\begin{cases} \min CR_S(T_{Sr}, S) \\ \text{s. t. } \{P_{bi}(T_{Sr}, S)\} \leqslant \{P_{b0i}\} \\ \{A_i(T_{Sr}, S)\} \geqslant \{A_{0i}\} \end{cases} \tag{7-38}$$

### 7.5.4 随机型故障交互复杂设备维修周期优化算例

假设由 4 个部件组成的某复杂设备运行时间为 200 天,各部件寿命均服从威布尔分布,其定期更换费用 $C_{ri}$、修复性维修费用 $C_{fi}$、寿命分布形状参数 $m_i$ 和尺度参数 $l_i$ 如表 7-2 所列。为简化计算,假设各时刻设备准备活动和停机损失 $D_{Srj}$ 均为 300 元。

表 7-2 各部件维修费用及寿命分布参数

| 费用及寿命参数 | 1 | 2 | 3 | 4 |
|---|---|---|---|---|
| $C_{ri}$/元 | 210 | 190 | 60 | 170 |
| $C_{fi}$/元 | 920 | 680 | 330 | 500 |
| $m_i$ | 1.5 | 5 | 3 | 3.5 |
| $l_i$/天 | 40 | 25 | 18 | 40 |

同样,对各部件之间的故障交互函数也作常数化处理,其故障交互影响矩阵为

$$[\theta(t)] = \begin{bmatrix} 0 & 0.08 & 0 & 0.04 \\ 0 & 0 & 0.07 & 0.05 \\ 0.01 & 0.06 & 0 & 0.03 \\ 0.04 & 0.03 & 0 & 0 \end{bmatrix}$$

从而可得

$$[\alpha(t)] = ([I] - [\theta(t)])^{-1} = \begin{bmatrix} 1.0018 & 0.0818 & 0.0057 & 0.0443 \\ 0.0028 & 1.0060 & 0.0704 & 0.05 \\ 0.0114 & 0.0622 & 1.0044 & 0.0337 \\ 0.0402 & 0.0335 & 0 & 1.0033 \end{bmatrix}$$

利用本节所建立的模型,根据 $\{h_i(t)\} = ([I] - [\theta(t)])^{-1} \cdot \{h_{li}(t)\}$ 即可得出设备内各部件在故障交互时的故障率函数。

若不考虑部件之间的故障相关性,采用传统的单部件维修间隔期优化模型,可得出其定期更换周期及相应维修费用如表 7-3 所列。

表 7 - 3　各部件最优更换周期及相应维修费用

| 部件 $i$ | 定期更换周期/天 | 期望维修费用/($\times 10^3$元) |
| --- | --- | --- |
| 1 | 50.1 | 6.6730 |
| 2 | 16.7 | 6.4650 |
| 3 | 15.4 | 6.9986 |
| 4 | 28.6 | 3.8900 |
| 维修总费用 | 24.0266 | |

考虑部件之间的故障相关性,应用本节的随机型故障交互复杂设备维修周期模型,可优化得出各部件的更换周期及相应维修费用如表 7 - 4 所列。

表 7 - 4　故障相关时各部件最优更换周期及相应维修费用

| 部件 $i$ | 定期更换周期/天 | 期望维修费用/($\times 10^3$元) |
| --- | --- | --- |
| 1 | 42.6 | 9.3812 |
| 2 | 14.2 | 8.3447 |
| 3 | 14.2 | 7.7470 |
| 4 | 28.4 | 4.0121 |
| 维修总费用 | 29.4850 | |

因此可知,设备最优的基本更换周期为 14.2 天,更新周期为 $14.2 \times 6 = 85.2$ 天。此时设备在一个更新周期内的具体维修工作如下:

在到达第 1 个基本更换周期时,部件 2、3 同时进行更换;

在到达第 2 个基本更换周期时,部件 2、3、4 同时进行更换;

在到达第 3 个基本更换周期时,部件 1、2、3 同时进行更换;

在到达第 4 个基本更换周期时,部件 2、3、4 同时进行更换;

在到达第 5 个基本更换周期时,部件 2、3 同时进行更换;

在到达第 6 个基本更换周期,即设备的更新周期时,所有部件都进行更换。

与 7.4.4 节算例结论的相同之处是,故障相关性的存在使得各部件的最优定期更换周期缩短,同时也使得设备的期望维修费用增大。

# 本 章 小 结

本章结合故障相关分析的迫切需求,研究了广泛存在于工程设备中的故障交互复杂设备的故障规律,并对其进行定量描述;以此为基础,按照故障交互对系统维修决策的影响,分别分析了确定型故障交互和随机型故障交互情况下复杂设备的维修决策方法,并建立了考虑故障相关性时复杂设备维修周期优化模型。

　　需要说明的是,本章在进行故障交互的定量计算时,对于泰勒级数的编程求解未进行详细阐述。目前对故障交互影响函数采用简化处理,多是基于专家估计等将其作为定量,所以文中本章算例也将其作为常数来进行维修决策模型的计算和问题的说明。

# 参 考 文 献

［1］ 甘茂治,康建设,高崎. 军用装备维修工程学［M］.2 版. 北京:国防工业出版社,2005.

［2］ Chan F T S, Lau H C W,et al. Implementation of total productive maintenance:A case study［J］. International Journal of Production Economics, 2005, 95（1）:71 – 94.

［3］ Dhillon B S. Engineering Maintenance:A Modern Approach［M］. Boca Raton:CRC Press, 2002.

［4］ Bevilacqua M, Braglia M. The analytic hierarchy process applied to maintenance strategy selection［J］. Reliability Engineering and System Safety, 2000, 70（1）:71 – 83.

［5］ Becker K C, Byington C S, Forbes N A, et al. Predicting and preventing machine failures［J］. The Industrial Physicist, 1998, 4（4）:20 – 23.

［6］ Nair V N. Discussion:estimation of reliability in field performance studies［J］. Technometrics, 1988, 30（4）:379 – 383.

［7］ Briat O, Vinassa J M, Bertrand N, et al. Contribution of calendar ageing modes in the performances degradation of supercapacitors during power cycling［J］. Microelectronics Reliability, 2010, 50（9 – 11）:1796 – 1803.

［8］ Gertsbakh I. Reliability Theory:With Applications to Preventive Maintenance［M］. Berlin:Springer – Verlag, 2000.

［9］ 吴建忠,何海龙,陈志兵,等. 维修思想发展综述［J］. 装备指挥技术学院学报, 2003, 14（3）:20 – 23.

［10］ Meeker W Q, Escobar L A. Statistical Methods for Reliability Data［M］. New York:John Wiley & Sons, 1998.

［11］ Chan C K, Boulanger M, Tortorella M. Analysis of parameter – degradation data using life – data analysis programs［C］. Anaheim:Proceedings Annual Reliability and Maintainability Symposium, 1994.

［12］ Gertsbackh I B, Kordonskiy K B. Models for Failure［M］. New York:Springer – Verlag, 1969.

［13］ Tseng S T, Hamada M, Chiao C H. Using degradation data from a factorial experiment to improve fluorescent lamp reliability［J］. Journal of Quality Technology, 1995, 27（4）:363 – 369.

［14］ Lu C J, Meeker W Q. Using degradation measures to estimate a time – to – failure distribution［J］. Technometrics, 1993, 35（2）:161 – 174.

［15］ 冯静. 小子样复杂系统可靠性信息融合方法与应用研究［D］. 长沙:国防科学技术大学, 2004.

［16］ Hamada M. Using degradation data to assess reliability［J］. Quality Engineering, 2005, 17（4）:615 – 620.

［17］ Yuan X X, Pandey M D. A nonlinear mixed – effects model for degradation data obtained from in – service inspections［J］. Reliability Engineering and System Safety, 2009, 94（2）:509 – 519.

［18］ Gebraeel N, Lawley M, Li R, et al. Residual – life distributions from component degradation signals:A Basyesian approach［J］. IIE Transactions, 2005, 37（6）:543 – 557.

[19] Abdel H M. A gamma wear process [J]. IEEE Transactions on Reliability, 1975, 24 (2): 152 – 153.

[20] Pandey M D, Yuan X X, Noortwijk J M V. The influence of temporal uncertainty of deterioration on life – cycle management of structures [J]. Structure and Infrastructure Engineering, 2009, 5 (2): 145 – 156.

[21] Noortwijk J M V, Cooke R M, Kok M. A Bayesian failure model based on isotropic deterioration [J]. European Journal of Operation Research, 1995, 82 (2): 270 – 282.

[22] Lawless J, Crowder M. Covariates and random effects in a gamma process model with application to degradation and failure [J]. Lifetime Data Analysis, 2004, 10 (3): 213 – 227.

[23] Mercier S, Meier – Hirmer C, Roussignol M. Bivariate Gamma wear processes for track geometry modelling, with application to intervention scheduling [J]. Structure and Infrastructure Engineering, 2012, 8 (4): 357 – 366.

[24] Grall A, Dieulle L, Bérenguer C, et al. Asymptotic failure rate of a continuously monitored system [J]. Reliability Engineering and System Safety, 2006, 91 (2): 126 – 130.

[25] Newby M J, Barker C T. A bivariate process model for maintenance and inspection planning [J]. International Journal of Pressure Vessels and Piping, 2006, 83(4): 270 – 275.

[26] Noortwijk J M V. A survey of the application of gamma processes in maintenance [J]. Reliability Engineering and System Safety, 2009, 94 (1): 2 – 21.

[27] Doksum K A, Hoyland A. Models for variable – stress accelerated life testing experiments based on Wiener processes and the inverse Gaussian distribution [J]. Technometrics, 1992, 34 (1): 74 – 82.

[28] Whitmore G A. Estimating degradation by a Wiener diffusion process subject to measurement error [J]. Lifetime Data Analysis, 1995,1(3):307 – 319.

[29] Park C, Padgett W J. Accelerated degradation models for failure based on geometric Brownian motion and gamma processes [J]. Lifetime Data Analysis, 2005, 11 (4): 511 – 527.

[30] Whitmore G A, Crowder M J, Lawless J F. Failure inference from a marker process based on a bivariate Wiener model [J]. Lifetime Data Analysis, 1998, 4 (3): 229 – 251.

[31] Pettit L I, Yong K D S. Bayesian analysis for inverse Gaussian lifetime data with measures of degradation [J]. Journal of Statistical Computation and Simulation, 1999, 63 (3): 217 – 234.

[32] Whitmore G A, Schenkelberg F. Modelling accelerated degradation data using Wiener diffusion with a time scale transformation [J]. Lifetime Data Analysis, 1997, 3 (1): 27 – 45.

[33] Lee M L T, Whitmore G A. Threshold regression for survival analysis: modeling event times by a stochastic process reaching a boundary[J]. Statistical Science, 2006, 21(4):501 – 513.

[34] Lu J. Degradation processes and related reliability models [D]. Montreal: McGill University, 1995.

[35] Crowder M, Lawless J. On a scheme for predictive maintenance [J]. European Journal of Operational Research, 2007, 176 (1): 1713 – 1722.

[36] Park K S. Optimal continuous – wear limit replacement under periodic inspections [J]. IEEE Transactions on Reliability, 1988, 37 (1): 97 – 102.

[37] Abdel H M. Inspection and maintenance policies of devices subject to deterioration [J]. Advances in Applied Probability, 1987, 19 (4): 917 – 931.

[38] Kong M B, Park K S. Optimal replacement of an item subject to cumulative damage under periodic inspections [J]. Microelectronics Reliability, 1997, 37 (3): 467 – 472.

[39] Newby M, Dagg R. Optimal inspection and maintenance for stochastically deteriorating systems I: Average

156

cost criteria [J]. Journal of the Indian Statistical Association, 2002, 40 (2): 169 – 198.

[40] Jia X, Christer A H. A prototype cost model of functional check decisions in reliability – centered mainte-
nance [J]. Journal of the Operational Research Society, 2002, 53 (12): 1380 – 1384.

[41] Newby M, Dagg R. Optimal inspection and perfect repair [J]. IMA Journal of Management Mathematics,
2004, 15 (2): 175 – 192.

[42] Noortwijk J M V, Gelder P H A J M V. Optimal maintenance decisions for berm breakwaters [J]. Struc-
ture Safety, 1996, 18 (4): 293 – 309.

[43] Taghipour S, Banjevic D, Jardine A K S. Periodic inspection optimization model for a complex repairable
system [J]. Reliability Engineering and System Safety, 2010, 95 (9): 944 – 952.

[44] Wang W, Christer A H. A modelling procedure to optimize component safety inspection over a finite time
horizon[J]. Quality and Reliability Engineering International, 1997, 13 (4): 217 – 224.

[45] Makis V, Jardine A K S. Optimal replacement in the proportional hazards model [J]. INFOR, 1992, 30
(1): 172 – 183.

[46] Kallen M J, Noortwijk J M V. Optimal maintenance decisions under imperfect inspection [J]. Reliability
Engineering and System Safety, 2005, 90 (2 – 3): 177 – 185.

[47] 谭林. 考虑不完全维修的随机劣化系统自适应维修决策模型研究 [D]. 长沙: 国防科学技术大学,
2009.

[48] Xiang Y, Cassady C R, Pohl E A. Optimal maintenance policies for systems subject to Markovian operating
environment [J]. Computers & Industrial Engineering, 2012, 62 (1): 190 – 197.

[49] Aven T, Castro I T. A delay – time model with safety constraint [J]. Reliability Engineering and System
Safety, 2009, 94 (2): 261 – 267.

[50] Dieulle L, Bérenguer C, Grall A, et al. Sequential condition – based maintenance scheduling for a deterio-
rating system [J]. European Journal of Operational Research, 2003, 150 (2): 451 – 461.

[51] Park K S. Optimal continuous – wear limits replacement under periodic inspections [J]. IEEE Transactions
on Reliability, 1988, 37 (1): 97 – 102.

[52] Deodatis G, Asada H, Ito S. Reliability of aircraft structures under non – periodic inspection: a Bayesian
approach [J]. Engineering Fracture Mechanics, 1996, 53 (5): 789 – 805.

[53] Abdel H M. Optimal predictive maintenance policies for a deteriorating system: The total discounted cost
and the long – run average cost cases [J]. Communications in Statistics, 2004, 33 (3): 735 – 745.

[54] Grall A, Bérenguer C, Dieulle L. A condition – based maintenance policy for stochastically deteriorating
systems [J]. Reliability Engineering and System Safety, 2002, 76 (2): 167 – 180.

[55] Castanier B, Bérenguer C, Grall A. A sequential condition – based repair/replacement policy with non –
periodic inspections for a system subject to continuous wear [J]. Applied Stochastic Models in Business
and Industry, 2003, 19 (4): 327 – 347.

[56] Meier H C, Riboulet G, Sourget F, et al. Maintenance optimization for a system with a gamma deterioration
process and intervention delay: Application to track maintenance [J]. Proceedings of the Institution of Me-
chanical Engineers, Part O: Journal of Risk and Reliability, 2009, 223 (3): 189 – 198.

[57] Jiang R. Optimization of alarm threshold and sequential inspection scheme [J]. Reliability Engineering and
System Safety, 2010, 95 (3): 208 – 215.

[58] Yang Y, Klutke G A. Lifetime – characteristics and inspection – schemes for Levy degradation processes

[J]. IEEE Transactions on Reliability, 2000, 49 (4): 377 –382.

[59] Park K S. Optimal wear – limit replacement with wear – dependent failures [J]. IEEE Transactions on Reliability, 1988, 37 (3): 293 –294.

[60] Zuckerman D. Optimal replacement policy for the case where the damage process is a one – sided Lévy process [J]. Stochastic Processes and their Applications, 1978, 7 (2): 141 –151.

[61] Bérenguer C, Grall A, Dieulle L, et al. Maintenance policy for a continuously monitored deteriorating system [J]. Probability in the Engineering and Informational Sciences, 2003, 17 (2): 235 –250.

[62] Liao H, Elsayed E A, Chan L. Maintenance of continuously monitored degrading systems [J]. European Journal of Operational Research, 2006, 175 (2): 821 –835.

[63] Liao W, Pan E, Xi L. Preventive maintenance scheduling for repairable system with deterioration [J]. Journal of Intelligent Manufacturing, 2010, 21 (6): 875 –884.

[64] Tai A H, Chan L. Maintenance models for a continuously degrading system [J]. Computers & Industrial Engineering, 2010, 58 (4): 578 –583.

[65] Marseguerra M, Zio E, Podofillini L. Condition – based maintenance optimization by means of genetic algorithms and Monte Carlo simulation [J]. Reliability Engineering and System Safety, 2002, 77 (2): 151 –166.

[66] Fouladirad M, Grall A. Condition – based maintenance for a system subject to a non – homogeneous wear process with a wear rate transition [J]. Reliability Engineering and System Safety, 2011, 96 (6): 611 –618.

[67] Saassouh B, Dieulle L, Grall A. Online maintenance policy for a deteriorating system with random change of mode [J]. Reliability Engineering and System Safety, 2007, 92 (12): 1677 –1685.

[68] Ponchet A, Fouladirad M, Grall A. Assessment of a maintenance model for a multi – deteriorating mode system [J]. Reliability Engineering and System Safety, 2010, 95 (11): 1244 –1254.

[69] Zhao Z, Wang F, Jia M, et al. Predictive maintenance policy based on process data [J]. Chemometrics and Intelligent Laboratory Systems, 2010, 103 (2): 137 –143.

[70] Li W, Pham H. An inspection – maintenance model for systems with multiple competing processes [J]. IEEE Transactions on Reliability, 2005, 54 (2): 318 –327.

[71] Zhu Y, Elsayed E A, Liao H, et al. Availability optimization of systems subject to competing risk [J]. European Journal of Operational Research, 2010, 202 (3): 781 –788.

[72] Kharoufeh J P, Finkelstein D E, Mixon D G. Availability of periodically inspected systems with Markovian wear and shocks [J]. Journal of Applied Probability, 2006, 43 (2): 303 –317.

[73] Huynh K T, Barros A, Bérenguer C, et al. A periodic inspection and replacement policy for systems subject to competing failure modes due to degradation and traumatic events [J]. Reliability Engineering and System Safety, 2011, 96 (4): 497 –508.

[74] Huynh K T, Castro I T, Barros A, et al. Modeling age – based maintenance strategies with minimal repairs for systems subject to competing failure modes due to degradation and shocks [J]. European Journal of Operational Research, 2012, 218 (1): 140 –151.

[75] Wang Y, Pham H. A multi – objective optimization of imperfect preventive maintenance policy for dependent competing risk systems with hidden failure [J]. IEEE Transactions on Reliability, 2011, 60 (4): 770 –781.

158

[76] Chen C. Application of statistical methodology on monitoring the failure conditions of static equipment in the petroleum process [D]. Taiwan: National Sun Yat – Sen University, 2008.

[77] Khan F I, Haddara M M. Risk – based maintenance (RBM): a quantitative approach for maintenance/inspection scheduling and planning [J]. Journal of Loss Prevention in the Process Industries, 2003, 16 (6): 561 – 573.

[78] Lorden G. Procedures for reacting to a change in distribution [J]. The Annual of Mathematical Statistics, 1971, 42 (6): 1897 – 1908.

[79] Wang H. A survey of maintenance policies of deteriorating systems[J]. European Journal of Operational Research,2002,139:469 – 486.

[80] 张杰彬. RCM 建模研究[D]. 石家庄:军械工程学院,2001.

[81] Nakagawa T, Mizutani S. A summary of maintenance policies for a finite interval[J]. Reliability Engineering and System Safety, 2009,94:89 – 96.

[82] 苏春,黄苗. 以可靠性为中心的维修成本优化模型及其应用[J]. 机械科学与设计, 2007,26(12): 1556 – 1559.

[83] 贾希胜. 以可靠性为中心的维修决策模型[M]. 北京:国防工业出版社, 2007.

[84] 赵建华,赵建民,赵丽琴. 多部件系统故障预防工作的组合优化[J]. 数学的实践与认识,2005,35 (6):182 – 188.

[85] 蒋仁言,左明健. 可靠性模型与应用[M]. 北京:机械工业出版社,1999.

[86] 温亮. RCM 决策模型及其应用研究[D]. 石家庄:军械工程学院,2006.

[87] Sebastian M, Aureli M, Vicente S. Age – dependent models for evaluating risks & costs of surveillance & maintenance of components[J]. IEEE Transactions on Reliability, 1996,45(3):433 – 442.

[88] Van der D, Schouten F A. Two simple control policies for a mutlicomponent maintenance systems[J]. Operations Research, 1993,41:1125 – 1136.

[89] 李红霞. 几个可修系统的可靠性分析[D]. 秦皇岛燕山大学,2007.

[90] 王凌. 维修决策模型和方法的理论与应用研究[D]. 杭州:浙江大学, 2007.

[91] Ricardo M, Kishor S. Modeling failure dependencies in reliability analysis using stochastic petri nets[C]. Proceedings of European Simulation Multiconference, Istanbul, Turkey, 1997.

[92] Sun Y. Reliability prediction of complex repairable systems: an engineering approach [D]. Brisbane: Queensland University of Technology,2006.

[93] Lavon B, Jo Ellen P. A model for system reliability with common – cause failures[J]. IEEE Transaction on Reliability,1989,38(4):406 – 410.

[94] Tang Z, Joanne B D. An integrated method for incorporating common cause failures in system analysis[C]. RAMS,2004.

[95] Xie L. A knowledge – based multi – dimension discrete common cause failure model[J]. Nuclear engineering and design, 1998,183:107 – 116.

[96] Xie L. Pipe segment failure dependency analysis and system failure probability estimation[J]. International journal of pressure vessels and piping, 1998, 75:483 – 488.

[97] Albin S L, Chao s. Preventive replacement in systems with dependent components[J]. IEEE Transactiono on reliability, 1992,41(2):230 – 238.

[98] 高萍. 基于可靠性分析的复杂设备预防性维修决策研究[D]. 北京:清华大学,2008.

[99] Cui L, Li H. Opportunistic maintenance for multi – component shock models[J] Mathematical Methods of Operations Research,2006(63):493 –511.

[100] Yu H. Reliability optimization of a redundant system with failure dependencies[J]. Reliability Engineering and System Safety, 2007(92):1627 –1634.

[101] Azaron A. Multi – objective reliabilityoptimization for dissimilar – unit cold – standby systems using a genetic algorithm[J]. Computers & Operations Research,2009,36(5):1562 –1571.

[102] Dekker R. A review of multi – component maintenance models with economic dependence[J]. Mathematical Methods of Operations Research,1997,45(3):411 –435.

[103] Langdon W B, Treleaven P C. Scheduling maintenance of electrical power transmission networks using genetic programming[M]//. Artificial intelligence techniques in power systems, Institution of Electrical Engineers, 1996.

[104] Stengos D, Thomas L. The blast furnaces problem[J]. European Journal of Operational Research,1980 (4):330 –336.

[105] Grigoriev A, Van de Klundert J, Spieksma F. Modeling and solving the periodic maintenance problem [J]. European Journal of Operational Research, 2006(172):783 –797.

[106] Dekker R, Plasmeijer R, Swart J. Evaluation of a new maintenance concept for the preservation of highways[J]. IMA Journal of Mathematics applied in Business and Industry,1998(9):109 –156.

[107] Van der Duyn Schouten F, Van Vlijmen B, Vos de Wael S. Replacement policies for traffic control signals [J]. IMA Journal of Mathematics Applied in Business &Industry,1998(9):325 –346.

[108] Castanier B. A condition – based maintenance policy with non – periodic inspections for a two – unit series system[J]. Reliability Engineering & System Safety, 2005(87):109 –120.

[109] Dijkhuizen G V. Maintenance grouping in multi – setup multi – component production systems[M]//Maitenance, Modeling and Optimization, Kluwer Academic Publishers,2000.

[110] 蔡景,左洪福,刘明,等. 复杂系统成组维修策略优化模型研究[J]. 应用科学学报,2006,24(5): 533 –537.

[111] Sheu S, Jhang J. A generalized group maintenance policy[J]. European Journal of Operational Research, 1996(96):232 –247.

[112] 程志君,郭波. 多部件系统机会维修优化模型[J]. 工业工程,2007,10(5):66 –69.

[113] 蔡景,左洪福,王华伟. 基于机会维修的复杂系统维修费用仿真研究[J]. 系统仿真学报,2007,19 (6):1397 –1399.

[114] Worm J M, Van Harten A. Model based decision support for planning of raod maintenance[J]. Reliability Engineering & System Safety, 2017,51(3):305 –316.

[115] Sasieni M. A Markov chain process in industrial replacement[J]. Operational Research Quarterly,1956, 7(4):148 –155.

[116] Cho I D, Parlar M. A survey of maintenance models for multi – unit systems[J]. European Journal of Operational Research, 1991(51):1 –23.

[117] Philip A S. On the application of mathematical models in maintenance[J]. European Journal of Operational Research, 1997(99):493 –506.

[118] Kevin D. On the application of stochastic models in nuclear power plant maintenance[J]. European Journal of Operational Research, 2004(154):673 –690.

160

[119] Dekker R, Ingrid F K R. Marginal cost criteria for preventive replacement of a group of components[J]. European Journal of Operational Research, 1995(84):467 – 480.

[120] Dijkhuizen G V, Harten A V. Optimal clustering of frequency – constrained maintenance jobs with shared set – ups [J]. European Journal of Operational Research, 1997(99):552 – 564.

[121] 蔡景,左洪福,王华伟. 基于经济相关性的复杂系统维修优化模型研究[J]. 系统工程与电子技术,2007,29(5):835 – 838.

[122] Radouane L, Alaa C, Djamil A. Opportunistic policy for optimal preventive maintenance of a multi – component system in continuous operating units[J]. Computers and Chemical Engineering, 2009(33):1499 – 1510.

[123] Dekker R, Van der Meer J, Plasmeijer R, et al. Maintenance of light – standards: a case – study[J]. Journal of the Operational Research Society, 1998,49:132 – 143.

[124] Pham H, Wang H. Optimal($\tau$, $T$) opportunistic maintenance of a k – out – of – n:G system with imperfect PM and partial failure[J]. Naval Research Logistics, 2000(47):223 – 239.

[125] Giacomo G, Gianfranco P. An exact algorithm for preventive maintenance planning of series – parallel systems[J]. Reliability Engineering and System Safety,2009(94):1517 – 1525.

[126] Sung H J. Optimal maintenance of a multi – unit system under dependencies [D]. Georgia: Georgia Institute of Technology, 2008.

[127] Cha S S. AeSOP: an interactive failure mode analysis tool[C]. Conference on Computer Assurance Compass 94 Safetay, Reliability, Fault Tolerance, Concurrency & Real Time,1994:9 – 16.

[128] 苏春,黄苗,许映秋. 基于遗传算法和蒙特卡洛仿真的设备维修策略优化[J]. 东南大学学报, 2006, 36(6):941 – 945.

[129] Yuichi W, Tetsukuni O, Ken M. Development of the DQFM method to consider the effect of correlation of component failures in seismic PSA of nuclear power plant [J]. Reliability Engineering and System Safety, 2003(79):265 – 279.

[130] August J K, Krishna V, Magninie W H. Effective maintenance PM task selection requirement[C]. Proceedings of International Joint Power Generation Conference and Turbo Expo, 2003:1 – 10.

[131] August J K, Brian R, Krishna V. Baselining Strategies to improve PM implementation[C]. Proceedings of PWR 2005, 2005:1 – 11.

[132] Tsai Y T, Wang K S, Tsai L C. A study of availability – centered preventive maintenance for multi – component systems[J]. Reliability Engineering and System Safety,2004(84):261 – 270.

[133] Bertling L, Allan R, Eriksson R. A reliability – centered asset maintenance method for assessing the impact of maintenance in power distribution systems [J]. IEEE Transactions on Power Systems,2005,20(1):75 – 82.

[134] 金士尧,任传俊,黄红兵. 复杂系统涌现与基于整体论的多智能体分析[J]. 计算机工程与科学, 2010,32(3):1 – 7.

[135] 苗东升. 论涌现[J]. 河池学院学报, 2008,28(1):6 – 12.

[136] 刘晓平,唐益明,郑利平. 复杂系统与复杂系统仿真研究综述[J]. 系统仿真学报,2008,20(23):6303 – 6315.

[137] 井立国,王端民. 空军航空装备技术保障复杂性分析及对策[J]. 国防科技, 2008,29(6):7 – 11.

[138] 左洪福,蔡景,王华伟,等. 维修决策理论与方法[M]. 北京:航空工业出版社, 2008.

[139] GJB/Z 1391 - 2006 故障模式、影响及危害性分析指南[S]. 中国人民解放军总装备部, 2006.

[140] Stanisław L. Development trends in machines operation mantenance[J]. Maintenance and Reliability, 2009(2):8 - 16.

[141] 张卓奎, 陈慧婵. 随机过程[M]. 西安:西安电子科技大学出版社, 2003.

[142] 王英. 设备状态维修系统结构与决策模型研究[D]. 哈尔滨:哈尔滨工业大学, 2007.

[143] 王双利. 发电设备状态维修决策理论与方法研究[D]. 天津:天津大学, 2006.

[144] 梁剑. 基于成本优化的民用航空发动机视情维修决策研究[D]. 南京:南京航空航天大学, 2004.

[145] 谢庆华, 张琦, 卢涌. 航空发动机单部件视情维修优化决策[J]. 解放军理工大学学报, 2005, 6(6):575 - 578.

[146] Blanchard B S, Fabrycky W J. System engineering and analysis[M]. 3 版. 北京:清华大学出版社, 2002.

[147] 茆诗松. 统计手册[M]. 北京:科学出版社, 2003.

[148] Mathews J H, Fink K D. 数值方法[M]. 3 版. 北京:电子工业出版社, 2002.

[149] 罗汉, 曹定华. 多元微积分与代数[M]. 北京:科学出版社, 1999.

[150] 史济怀, 彭家贵, 何琛, 等. 多元微积分[M]. 北京:人民教育出版社, 1979.

[151] 薛定宇, 陈阳泉. 高等应用数学问题的 MATLAB 求解[M]. 2 版. 北京:清华大学出版社, 2008.

[152] 苏金明, 阮沈勇, 王永利. MATLAB 工程数学[M]. 北京:电子工业出版社, 2005.

[153] 蔡景. 民用飞机系统维修规划方法研究[D]. 南京:南京航空航天大学, 2007.

[154] 蔡景, 左洪福, 王华伟. 多部件系统的预防性维修优化模型研究[J]. 系统工程理论与实践, 2007(2):133 - 138.

[155] U Dinesh Kumar. 可靠性、维修与后勤保障—寿命周期方法[M]. 刘庆华, 宋宁哲, 等译. 北京:电子工业出版社, 2010.

[156] Jiang R, Murthy P. Maintenance:decision models for management[M]. 科学出版社, 2008:127 - 133.

[157] Vclav L, Vladimr J, Tom H. 以企业利润为中心的维修[J]. 设备管理与维修, 2005 (12):37 - 39.

[158] Chuck Y, Austin H B. Repair or replace? A decision model for industrial electric motors [J]. IEEE Industry Applications Magazine, 2004, 10(5):48 - 58.

[159] Sun T, Zhao Q, Peter B L et al. Joint replacement optimization for multi - part maintenance problems [C]. Proceedings of 2004 IEEE/RSJ International Conference on Intelligent Robots and Systms, 2004:1232 - 1238.

[160] Wang G, Zhang Y. Optimal periodic preventive repair and replacement policy assuming geometric process repair[J]. IEEE Transactions on Reliability, 2006, 55(1):118 - 122.

[161] Vladimír J, Tomáš H, Zdeněk A. Optimization of preventive maintenance intervals[J]. Maintenance and Reliability, 2008(3):41 - 44.

[162] 刘云, 赵玮, 刘淑. 系统最佳维修策略研究[J]. 运筹与管理, 2004, 13(2):58 - 61.

[163] Peng W, Huang H, Zhang X. Reliability based optimal preventive maintenance policy of series - parallel systems[J]. Maintenance and Reliability, 2009(2):4 - 7.

[164] Belzunce F, Ortega E M, Ruiz J M. Comparison of expected failure times for several replacement policies [J]. IEEE Transactions on Reliability, 2006, 55(3):490 - 495.

[165] 吴静敏. 民用飞机全寿命维修成本控制与分析关键问题研究[D]. 南京:南京航空航天大学, 2006.

162

[166] 倪爱伟,翁刚,吴克勤,等. 确定 RCMII 中最佳维修间隔期数学模型的适用条件[J]. 机械设计, 2007,24(2):7-10.

[167] Bai Y, Jia X, Li F. Cost model based optimization of RCM group maintenance interval[C]. Proceedings of 2009 IEEE 16th International Conference on Industrial Engineering and Engineering Management, 2009:1174-1177.

[168] Carterab A E, Ragsdale C T. Quality inspection scheduling for multi-unit service enterprises[J]. European Journal of Operational Research, 2009,194(1):114-126.

[169] Hauge B S. Optimizing intervals for inspection and failure-finding tasks[C]. Prodeedings of Annual Reliability and Maintenability Symposium, 2002:14-19.

[170] Ali H S, Zhe G Z, Ernie L. A computational model for determining the optimal preventive maintenance policy with random breakdowns and imperfect repairs[J]. IEEE Transactions on reliability, 2007,56 (2):332-339.

[171] Adolfo C M, Antonio S H. Models for maintenance optimization: a study for repairable systems and finite time periods[J]. Reliability Engineering and System Safety, 2002(75):367-377.

[172] 张晨. 基于可靠性的设备经济寿命与预防性维修周期的研究[D]. 南京:南京理工大学, 2006.

[173] 邝圆晖. 有限时间域内不完全预防维修模型及优化研究[D]. 大连:大连理工大学,2007.

[174] Faisal I K, Mahmoud H, Loganathan K. A new methodology for risk-based availability analysis [J]. IEEE Transactions on reliability, 2008,57(1):103-112.

[175] 白永生,程中华,温亮,等. 复杂系统有限使用期下功能检测工作的组合优化[J]. 价值工程,2010, 29(5):150-151.

[176] Pham H, Lai C. On recent generalizations of the weibull distribution [J]. IEEE Transactions on reliability, 2007,56(3):454-458.

[177] 曾和武,娄寿春. 大型武器系统复合维修方式辅助决策模型研究[J]. 弹箭与制导学报,2002,22 (4):205-207.

[178] 袁峰华,席泽敏. 基于系统有效年龄的复合维修方案优化模型研究[J]. 电子机械工程,2004,20 (3):9-12.

[179] Oguzhan Y, Nabil G, Jian G. A repair and overhaul methodology for aeroengine components[J]. Robotics and Computer-Integrated Manufacturing,2010(26):190-201.

[180] Bai Y, Jia X, Cheng Z. A Cost Model of Block Replacement with Functional Checks[C]. Proceedings of the First International Conference on Maintenance Engineering, Chengdu, China, 2006.

[181] 白永生,贾希胜,程中华. 复杂系统复合维修间隔期优化模型[J]. 火力与指挥控制,2011,36(9): 19-22.

[182] Min T L, Ying C C. Optimal periodic replacement policy for a two-unit system with failure rate interaction [J]. International Journal of Advanced Manufacturing Technology, 2006(29):361-371.

[183] 谢里阳,王正,周金宇,等. 机械可靠性基本理论与方法[M]. 北京:科学出版社,2009.

[184] Fleming K N, Mosleh A, Deremer R K. A systematic procedure for the incorporation of common cause events into risk and reliability models [J]. Nuclear Engineering and Design,1986(93):245-273.

[185] Sun Y, Ma L, Mathew J. Failure analysis of engineering systems with preventive maintenance and failure interactions [J]. Computers & Industrial Engineering,2009(57):539-549.

[186] Zequeira R I, B'erenguer C. Maintenance cost analysis of a two-component parallel system with failure

interaction [C]. RAMS, 2004:220 – 225.

[187] Zequeira R I, Berenguer C. On the inspection policy of a two – component parallel system with failure in-
teraction [J]. Reliability Engineering and System Safety, 2005(88):99 – 107.

[188] Sun Y, Ma L, Mathew J. Prediction of system reliability for multiple component repairs[C]. Proceedings
of the 2007 IEEE IEEM, 2007:1186 – 1190.

[189] Theodora D, Konstantinos A, Sotirios L. A lifetime distribution with an upside – down bathtub – shaped
hazard function [J]. IEEE Transactions on reliability, 2007,56(2):308 – 311.

[190] 韩帮军,范秀敏,马登哲,等. 用遗传算法优化制造设备的预防性维修周期模型[J]. 计算机集成制
造系统,2003, 9(3):206 – 209.